激光奥秘

朱志尧 刘路沙 编著

JIGUANG AOMI

广西科学技术出版社

图书在版编目（CIP）数据

激光奥秘 / 朱志尧，刘路沙编著. —南宁：广西科学技术出版社，2012.8（2020.6 重印）

（少年与现代科技丛书）

ISBN 978-7-80619-349-5

Ⅰ. ①激… Ⅱ. ①朱…②刘… Ⅲ. ①激光技术—少年读物 Ⅳ. ① TN24-49

中国版本图书馆 CIP 数据核字（2012）第 192509 号

少年与现代科技丛书
激光奥秘
朱志尧 刘路沙 编著

责任编辑 陆媛峰　　**封面设计** 叁壹明道
责任校对 梁 斌　　**责任印制** 韦文印

出 版 人 卢培钊
出版发行 广西科学技术出版社
（南宁市东葛路 66 号 邮政编码 530023）
印　　刷 永清县晔盛亚胶印有限公司
（永清县工业区大良村西部 邮政编码065600）
开　　本 700mm × 950mm 1/16
印　　张 11
字　　数 142 千字
版次印次 2020年 6月第1版第7次
书　　号 ISBN 978-7-80619-349-5
定　　价 21.80 元

青少年阅读文库

少年与现代科技丛书

选题策划：黄　健

主　　编：朱志尧　刘路沙

代序　致二十一世纪的主人

钱三强

时代的航船已进入21世纪。在这时期，对我们中华民族的前途命运，是个关键的历史时期。现在10岁左右的少年儿童，到那时就是驾驭航船的主人，他们肩负着特殊的历史使命。为此，我们现在的成年人都应多为他们着想，为把他们造就成21世纪的优秀人才多尽一份心，多出一份力。人才成长，除了主观因素，在客观上也需要各种物质的和精神的条件，其中，能否源源不断地为他们提供优质图书，对于少年儿童，在某种意义上说，是一个关键性条件。经验告诉我们，一本好书可以造就一个人，而一本坏书则可以毁掉一个人。我几乎天天盼着出版界利用社会主义的出版阵地，为我们21世纪的主人多出好书。广西科学技术出版社在这方面作出了令人欣喜的贡献。他们特邀我国科普创作界的一批著名科普作家，编辑出版了大型系列化自然科学普及读物——《青少年阅读文库》（以下简称《文库》）。《文库》分“科学知识”“科技发展史”和“科学文艺”三大类，约计100种。《文库》除了反映基础学科的知识，还深入浅出地全面介绍当今世界最新的科学技术成就，充分体现了20世纪90年代科技发展的前沿水平。现在科普读物已有不少，而《文库》这批读物特有魅力，主要表现在观点新、题材新、角度新和手法新，内容丰富，覆盖面广，插图精美，形式活泼，语言流畅，通俗易懂，富于科学性、可读性、趣味性。因此，说《文库》是开启科技知识宝库的钥匙，缔造21世纪人才的摇篮，并不夸张。《文库》将成为中国少年朋友增长知识、发展智慧、促进成才的亲密朋友。

亲爱的少年朋友们，当你们走上工作岗位的时候，呈现在你们面前的将是一个繁花似锦的、具有高度文明的时代，也是科学技术高度发达的崭新时代。现代科学技术发展速度之快、规模之大，对人类社会的生产和生活产生的影响之深，都是过去无法比拟的。少年朋友们要想胜任驾驶时代航船，就必须从现在起努力学习科学，增长知识，扩大眼界，认识社会和自然发展的客观规律，为建设有中国特色的社会主义而艰苦奋斗。

我真诚地相信，在这方面，《文库》将会对你们提供十分有益的帮助，同时我衷心地希望，你们一定要为当好21世纪的主人，知难而进，锲而不舍，从书本、从实践中汲取现代科学知识的营养，使自己的视野更开阔、思想更活跃、思路更敏捷，更加聪明能干，将来成长为杰出的人才和科学巨匠，为中华民族的科学技术实现划时代的崛起，为中国迈入世界科技先进强国之林而奋斗。

亲爱的少年朋友，祝愿你们奔向 21 世纪的航程充满闪光的成功之标。

作者的话

少年朋友，你认识激光吗？激光，品格优异，本事高强，如今正值“而立之年’，风华正茂，雄姿英发，活跃在工业、农业、医学、科研和军事各个部门，涉足于物理、化学、生物、天文、地质、气象及文化艺术各个领域。你瞧——

激光，它是一只神钻，能在硬质难熔的材料上打出比头发丝细得多的微孔；它是一把神刀，能在不痛不流血的情况下斩除病魔；它有一根神尺，能让检测长度的误差小于头发丝的千分之一；它有一副神眼，能让导弹自己寻找敌方目标并直奔“认准”的目标而去……

激光，使我们能够实现通过“光话”同远隔万里的亲友面谈，使我们能够用比现在任何“电脑”的存储容量和运算速度都大的“光脑”来进行工作和管理生活，使我们能够把一座图书馆缩微装进手提箱里带回办公室和家庭，使我们能够看到逼真的立体照片犹如身临其境……

激光，它将通过引发核聚变带给我们一个新太阳，它会给航天飞机和宇宙飞船充填“燃料”，它还会帮助人类和外星人沟通进行文化交流……

随着科学技术水平的不断提高，激光及相关的科学技术将取得重大突破性进展，给世界经济和人类社会的发展带来新的巨大变革。到那时，光子家族（激光为主要成员之一）的地位，可以同今天的电子家族的地位相比。在当今的社会中，电子科学技术已渗透到各个方面，如工业上的自动控制、军事上的雷达与制导、实验室里的探察测试、家庭用的电视机和收录机，到处可见电子的踪迹。在未来的社会里，光子学将要同电子学分庭抗礼，甚至在某些重要的领域里取而代之，譬如说，电通信将让位给光通信，电子计算机在光计算机面前将黯然失色，光计算机和光通信将构成社会的神经中枢和神经网络，深入到整个社会肌体的各个部位。到那时，一批批新型的光子工业将如雨后春笋般地出现，家庭将实现光子化……人类将置身于光子时代里！

到那时，你们——本书的少年读者正要或者刚刚走出校门，踏上建设祖国的征程，迈入蓬勃发展的社会……少年朋友，未来世纪的祖国建设者们，你们想到过这一点吗？神箭手能够射中飞鸟，是因为心中装有“提前量”。少年朋友，你们将要肩负未来祖国高科技发展和现代化建设的重任，从现在起，就要瞄准上述发展趋势，心中装入“提前量”，立志挑起开发、建设我国的光子产业的重担。

常言道：天才在于勤奋，知识在于积累。激光知识，乍一看，似乎很难。但是，如果你不怕难、不畏缩，发奋钻、钻进去，你就会发现激光并不神秘，道理并不深奥。希望少年朋友喜欢激光，努力掌握激光知识。这本书，奉献给热爱激光的少年朋友！

激光，要认识它，需要有一定的光学基础知识。本书将光学知识和激光科学技术问题糅和在一起，以日常生活中的光学现象为基点，引申和生发开去，力求深入浅出地阐述激光的特点、应用和发展前景。本书从我们最熟悉的光、光源谈起，介绍了新光源——激光器的诞生和激光

的四大特点，接着介绍激光在工业、农业、医学、科研和军事方面的应用成果，着重阐述激光在信息传递、存储和处理领域的应用，包括光纤通信、光计算机、激光全息和光盘技术等方面的最新成就及对现代科学技术发展的重要影响，并展示了激光在军事、能源和空间科学技术等方面的巨大潜力、美好前景及在未来社会中的地位和作用，最后尽可能言简意赅地揭示激光产生的机理。激光的足迹遍及各行各业，激光知识涉及许多学科，由于作者水平所限，会有不少缺点和错误，请少年朋友指正。

少年朋友，未来世界属于你们，光子时代属于你们！

目　录

一、时代的奇葩

光是我们的亲密朋友！它每日每时都伴随着我们，给我们的生活带来方便。然而，经常见面的事物，未必就真正认识它们。光就是这样，我们对它是既熟悉又陌生……

我们的亲密朋友

早晨，一轮红日从东方冉冉升起，光照云海，彩霞满天，灿若锦绣；万道光芒似金箭四射，冲破云雾，洒落在大地上。人们迎着朝阳，愉快地走向工厂，走向田野，走向机关，走向学校。

晚上，夜幕徐徐降临，星斗闪烁，像宝石缀满天宇；万家灯火，似繁星撒落大地。工厂里，工人们在机床床头灯前加工零件；乡村里，农民在灯光下编制筐篓；长街上，串串路灯照亮行人；路口旁，信号灯牵动车水马龙；剧院、商店门前五彩缤纷的霓虹灯招徕着观众和顾客；舞台上，神奇的激光交相照射，变幻无穷。

我们生活在一个奇光异彩的世界里！

光，一提起它，我们首先会想到太阳。太阳给我们带来光明和温暖，给大地带来生机。如果没有太阳，没有阳光，就没有白天，没有四季，植物就不能生长，人和动物就不能生活，光明、温暖、生气勃勃的地球，将会变成一个黑暗、冰冷、死气沉沉的世界。

植物吸收空气中的二氧化碳和土壤中的水及其他物质，在阳光照射下进行光合作用，把二氧化碳和水等无机物合成它生长所需要的有机物，从而不断成长壮大。一些植物是动物的食物，而一些食草动物又是另一些食肉动物的食物，也就是说，动物也离不开光合作用，动物的生存也是离不开阳光的。

人类的食物，五谷、蔬菜和水果，鸡鸭鱼肉和禽蛋，哪一样不是直接或间接地来自光合作用，不是由太阳供给的？也可以说，人类的食物就是“阳光罐头食品”。

人类的生活离不开阳光，人类的生产活动也离不开阳光。阳光不仅提供了光明、温暖的环境条件，而且还为人类一切活动提供了基本能源。

煤炭是做饭、取暖、生产和发电所需要的重要燃料，也是很重要的化工原料。煤炭是由那些靠太阳光能而生长起来的森林，在千百万年前地壳变迁中被埋藏到地下而形成的。

石油是工业、农业、交通的“血液”。石油的来源是古代动物的遗体，由于在千百万年前地壳变迁中被埋藏到地下才变化而成的。动物以植物为生，那么，这些石油不也是来自太阳光能吗？

一句话，煤也好，石油也好，还有天然气和沼气，它们所含的能量，都是植物通过光合作用而将太阳光能储存起来，它们都是“黑色太阳能罐头”，或叫做“化石燃料”。

太阳那放射不完的光是从哪里来的呢？

太阳是一个特别特别大的炽热的气体火球。太阳的直径为

1392530千米，是地球直径的109.3倍；太阳的质量为1.989×10^{27}吨，是地球质量的333400倍；太阳的体积为1.4122×10^{18}立方千米，约等于地球体积的130万倍。这个巨大的炽热气体火球的温度异常高。它的表面是一片沸腾的火海，温度高达6000℃。它的中心温度更高，约为1.5×10^{7}℃；而且中心密度很大，1立方厘米达到160克，相当于水银密度的12倍；内部压力相当于3000亿个大气压。太阳的主要化学元素是氢，在这样的高温、高压条件下，氢原子核聚变成氦原子核，并放出大量的能量，这就是热核反应。氢弹的爆炸就是这种热核反应。而太阳一秒钟内释放出的能量相当于同时爆炸几百几亿颗百万吨级的氢弹释放出来的能量，每秒钟为3.8×10^{26}焦！而这种反应每时每刻都在进行着！

我们需要太阳，需要太阳的光和热。

有热无热都发光

太阳能发光，其他恒星也能发光，而月亮及许多别的星星看上去很亮，自己却不能发光。我们习惯上把自己能发光的物体称做发光体，物理学上叫光源。通常，我们把光源划分为两类：天然光源和人造光源。太阳是我们最熟悉的天然光源，各种各样的灯则是人造光源。

人类最早的照明，是利用物质燃烧产生的光。起初，人们将木棒的一端点燃，另一端握在手里，或插在居住的山洞洞壁上，用来照明和保存火种，这就是火把。后来，人们发现油脂丰富的松木火光明亮，而且耐燃，就把松木劈成条块点燃，这叫做松树明子。

随着社会的发展和技术的进步，有了各种陶瓷和玻璃的器皿，装上植物油和芯捻，制成了专用的照明器具（如图1-1），这就是灯。到了近代，石油的开发和提炼又为人类社会提供了廉价而清洁的煤油，于是出现了煤油灯（如图1-2）。后来还出现了固体的“灯”——蜡烛。

图1-1

电灯的发明，使人类社会实现了从火光源向电光源的转变，大大推进了人类历史的进程。时至今日，各种各样的电灯流光溢彩，不仅为我们驱走了黑暗，还为我们美化环境和生活。宾馆大厅的大吊灯，金碧辉煌，使得厅堂富丽而豪华；商场里的射灯，烘云托月，使得商品更加目不暇接；客厅里的壁灯，新颖别致，给人以优雅和谐的气氛；风扇上的装饰灯，赏心悦目，成为现代家庭一种时髦的摆设；卧室里的吸顶灯，柔如春水，令人心境平和入睡……

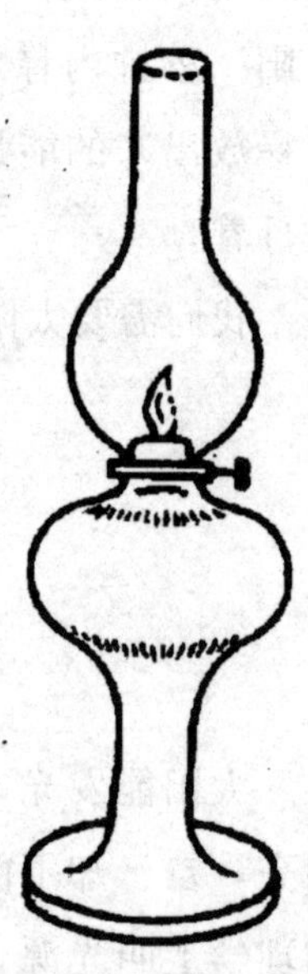
图1-2

光和热犹如孪生兄弟，很多物质发光时往往伴随有热效应。太阳和其他天然光源是这样，一些人造光源也是这样。把金属或炭加热，当温度较低时会发出一种看不见的红外光线，热到500℃时发出暗红色的光，继续加热，温度升高，光色由红变黄，热到1500℃时就变成白炽了。一般的灯泡就是这样，灯丝是用高熔点材料钨丝制成的，当电流通过时，像电炉丝一样产生高热而变成白炽发光，所以就把它叫做白炽灯。

火光源也好，电光源也好，有热就发光，发光伴有热，难怪人们常说“有一分热，发一分光”呢。

其实，在自然界里，热发光只不过是常见的一种情景而已，有许

多东西发光而它们并没有热……

夏天的夜晚，我们常常会看到，一些像玉米粒那样大的淡绿色光亮在空中飞舞，忽明忽暗。这是萤火虫放出的光亮。

无月的黑夜，轮船在海上航行，常常会发现海上有一片片闪烁的光亮，奇丽异常，这是海洋生物放出的光亮。海洋生物中能够发光的特别多，数量繁多的藻类和浮游生物，还有许多鱼类都会发光。如“水中明星”角鮟鱇，恰如一只怪状的小船，头上有一根小“桅杆”，顶上有一盏小“灯笼”，它像一盏小日光灯那样亮。

萤火虫和海洋生物为什么能放光呢？原来，它们身上都有发光器，里边储藏两种物质——荧光酶和荧光素。借助荧光酶的催化作用，荧光素发生氧化作用，所产生的能量就以光的形式释放出来，因而发出了荧光。

生物发光是一种化学反应。有的物质，如萤石、石蜡油及一些颜料受到紫外线的照射，也能发出荧光。

还有的物质，在紫外线的照射下会产生一种绿色的光，当紫外线停止照射时，这种光不像通常的荧光那样随即消失，而是持续地发光，这种光叫做磷光。如一些金属的氧化物和硫化物，在紫外线的激发下就会产生磷光。

用能够发光的物质制成的发光粉，在微光照明中得到了广泛应用。我们常见的夜光表，在表针上和刻度端都涂有淡绿色的发光粉。经过白天的日光照射，黑夜里就能发出光亮来。在汽车、飞机和许多军用仪表上，把指针和刻度都涂上发光粉，这样，在夜间作战时，靠发光粉的帮助，就可以看清仪表了。

荧光和磷光，发光的时候不产生热，称为冷发光。

冷发光的效率非常高，可达到97%，而热发光的效率却低得可怜。例如，白炽灯在2200℃时，发光效率只有10%，其余90%的电能都变成热而散发掉了。这是多么大的浪费啊！

怎样提高发光效率呢？

对于白炽灯来说，提高灯丝温度，可以增大可见光的百分率；但温度升高以后，灯丝钨的蒸发急剧加快，灯泡寿命就大大降低。为了解决这个问题，在灯泡里充进了惰性气体，阻止钨原子蒸发。但是，这种办法，也只能让灯丝工作温度达到2500℃。在白炽灯的发展过程中，怎样提高发光效率和延长使用寿命，一直是个关键问题。因此，人们又致力于“冷发光灯”的研究，先后制成了日光灯、高压水银灯和霓虹灯等许多新型灯。

日光灯是一只白色玻璃灯管，外面是普通玻璃的管壳，内壁涂有荧光粉卤磷酸钙，灯丝是螺旋状钨丝，涂有热电发射材料碳酸盐，管内充进少量的惰性气体和液态水银。通电之后，灯丝产生热，碳酸盐发射出电子，这些电子冲击惰性气体，使惰性气体电离而产生气体放电，继而惰性气体离子又冲击受热气化的水银蒸气分子，产生更加剧烈的放电。水银蒸气产生一种能量相当大的紫外线，射到玻璃管壁的荧光粉上，随即放射出白色的可见光。

日光灯中的水银蒸气气压是很低的，因而粒子碰撞的机会较少。为了增加气体粒子碰撞的机会，也就是增大水银蒸气受激发和产生紫外线的总能量，人们采取了增大灯管中水银蒸气气压的办法，制成了高压水银灯。这种灯的亮度很高，光色呈蓝色，被用作路灯照明。

霓虹灯是另一种“冷光灯”。霓虹灯的灯管里，充以各种不同的气体，就会放出色泽艳丽的光。不同的气体，放出的光颜色也不同：氖气能发橘红色的光，氩气能发淡蓝色的光，氦气能发粉红色的光……

科学家给光画像

光是什么？古往今来，人们一直在探索这个问题的答案。

很久很久以前，古希腊人给光画了一张像——人一睁开眼睛，光就从人眼睛里流出来。他们认为，由于人的眼睛能够自然而然地流出光来，所以人才会看到周围的东西。

多少个世纪以来，人们运用人类逐渐积累起来的知识，给光勾画了一张又一张画像。有的似像非像，有的画出了光的某些特点，却没有表现出其他特点。

1675 年，英国科学家牛顿在解释阳光通过三棱镜产生 7 色光谱现象时，把光描绘为从发光物体发射出来并作高速直线运动的一种非常细小的粒子。这就是光的“微粒说”。这种学说很好地解释了光的直线传播、反射和折射，而对衍射、干涉和偏振现象却无能为力。

1678 年，荷兰物理学家惠更斯对光作出了完全不同的描绘：光是在充满整个空间的特殊媒质“以太”中传播的某种弹性波动，这就是光的“波动说”。一些科学家运用光的波动理论解释了光的干涉、衍射和偏振现象，但是，却不能很好解释光的直线传播。后来，迈克耳逊实验还证明并不存在“以太”。

牛顿和惠更斯是同时代的人，微粒说和波动说各有长短，争论不休。由于那时候的实验条件和方法所限，无法判断和证实两种学说的真伪。微粒说能直观地解释光的直线传播等现象，易于为人们所接受，所以在长时间里占着上风。

1801 年，英国物理学家托马斯·杨做了一个著名的光的干涉实验，由此才开始动摇微粒说的统治地位。他让一狭窄的光束穿过两个十分靠近的小孔，尔后投射到一块白屏上，结果两束光在屏上重叠处呈现出一系列明暗交替的条纹。在暗条纹处，光的粒子跑到哪儿去了？对此微粒说无法自圆其说。而波动说却能作出圆满的解释。

接着，法国物理学家菲涅耳在1818年又做了一个著名的光的衍射实验。他的实验证明，如果障碍物足够小，以至可以和光的波长相比拟，那么光波在传播中就能绕过障碍物，而在障碍物的后面形成明暗相间的图样，这就是衍射图样。他运用惠更斯原理加以解释，使波动说得到进一步确立。

1871年，英国物理学家麦克斯韦总结前人在电学和磁学领域里的研究成果，提出了电磁场的完整理论，发表了著名的麦克斯韦方程组。他认为，电磁场是电磁波的载体，是能够贯穿一切的特殊媒质。他不仅预言了电磁波的存在，还推算出电磁波的传播速度恰好等于光速。于是，他大胆地预言：光也是一种电磁波。从此光便得到了一个新的名字——光波，并成为电磁波大家庭中的一员。

19世纪的最后一年，德国科学家普朗克引用物质结构理论中不连续性概念，提出了辐射的量子论。他认为，各种频率电磁波的能量辐射是不连续的，是由一份一份的能量单元组成的，每一份能量单元称为量子，能量辐射的增减都是以这个量子的整数倍进行的。他这样描绘发光物体：发射光波以一个一个量子的形式进行。发光物体发射出一个一个的“能量颗粒”，叫做光的量子。

1905年，伟大的科学家爱因斯坦运用普朗克的量子论，成功地解释了“光电效应”，并由此证明了光量子的存在。在此之前，德国物理学家列纳德曾发现，将一定波长的光照射到某些金属上，金属会逸出一些电子来，就好像光的力量将电子从金属原子中打出来似的，这叫做光电效应。爱因斯坦认为，光束携带能量在空间以不连续方式分布，形成一个一个的能量颗粒，称为光量子，简称光子。照射金属的光量

子必须有一个最低限度的能量，才能使电子吸收足够的能量而从金属中逸出。换句话说，要把电子从金属中打出来，需要对金属原子做功，以克服金属对电子的束缚。光越强，光量子数越多，打出的电子就越多。对于同一种金属，用不同频率的光量子打出的电子速度也不同。爱因斯坦从这里导出了光电效应理论公式，并于10年后被实验精确地证实。由于这方面的成就，他获得了1921年的诺贝尔物理学奖。

光量子论的提出，意味着早在半个多世纪以前已被彻底推翻了的光的微粒说的复活，而使当时占绝对统治地位的“波动说”出现了对立面。但是，爱因斯坦并不是简单地回到“微粒说”，否定“波动说”，而是认为两者都反映了光的本质的一个侧面。

现代物理学认为，光既有波动性又有粒子性，称为光的波粒二象性。光在传播过程中主要表现出波动性，可用电磁波理论来解释；光在与物质相互作用时较多地显示出粒子性，要用量子理论来解释。光的两种属性——波动性和粒子性，是在不同条件下物质运动特性的不同表现。

人们利用波动性和粒子性这两个矛盾的性质辩证统一来描绘光，得出了一幅关于光的较为完整的图画。但是，这种对光的本性的描绘，也只是反映了现阶段人们对光的本质的认识，还有一些光学现象仍不能彻底解释清楚。随着新的光学现象的不断发现和新的光学实验方法的不断应用，人们对于光的本质的认识一定会不断加深。

一句话，关于光的理论还没有最后完成，人类对光的认识还将继续发展。

谁持彩练当空舞

夏天的傍晚，一场大雨过去，山石房屋、花草树木，一切都洗得干干净净，色彩格外好看。夕阳斜照，一道巨大的彩虹腾空升起，红橙黄绿蓝靛紫，谁持彩练当空舞？有人说，那是仙女的腰带；有人说，那是天上的仙桥。这些，我们当然不信。可是，彩虹到底是怎样形成的呢？

我们可以做一个小实验，让彩虹再现在面前：嘴里含一口水，背着太阳站着，嘴唇抿住，把水用劲朝前上方喷去。在这一片细细的小水珠里，就可以看见一道小小的彩虹。等到水珠落净了，小小的彩虹也就不见了。这个实验告诉我们：彩虹和太阳对小水珠的照射有关系。原来，雨过之后，天空有很多很多的小水珠，太阳出来照在小水珠上，就出现了一道大彩虹。随着水珠的慢慢消散，彩虹也就由浓变淡，逐渐消失了。

为什么太阳照在水珠上就会出现鲜艳的色彩呢？这是因为，太阳光，也就是我们平常见到的白光，原本就是由各种颜色组成的。这个奥秘，是英国物理学家牛顿揭开的。

1666 年，牛顿做了一个有趣的实验。在一间暗室里，一束阳光从一条狭窄的窗缝透射进来，半路上遇到一块三棱镜，通过三棱镜后投射到一幅白色的屏幕上，形成一条排列整齐的彩色光带，依次为红、橙、黄、绿、蓝、靛、紫 7 种颜色，如图 1－3 所示。给这样的光带起个名字，就叫做光谱。牛顿得出这样的结论：白光是由 7 种颜色的光组成的。这种白光分解成 7 种单颜色的色光的作用叫做“光的色散”。白光经过棱镜分解的色光只含有一个成分，把它叫做单色光；反过来，

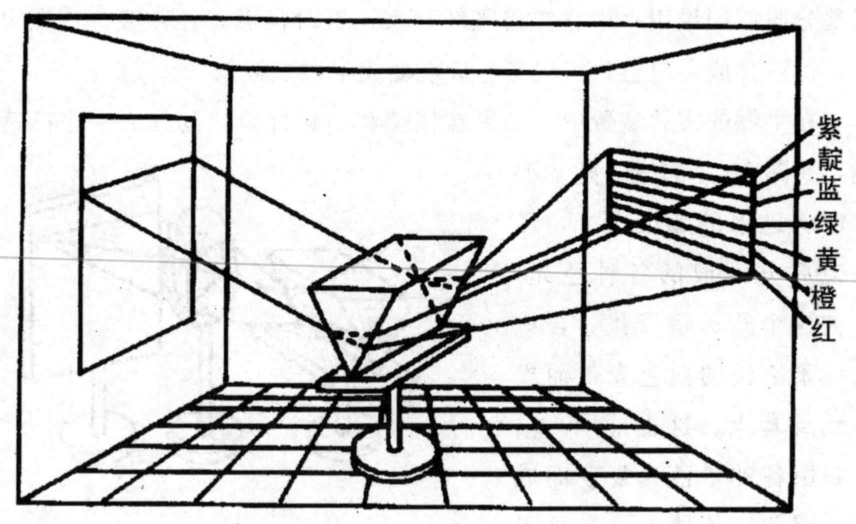

图 1－3

由单色光混合而成的光，就叫做复色光。太阳光和白炽灯光都是复色光。根据牛顿的实验结果，我们不难对彩虹的形成原因作出解释——那是因为水珠起着三棱镜的作用，太阳光照射到这些水珠上，白光的 7 个单色成员因为受到水珠的折射而发生“分歧”，各走各的路——发生了色散。

既然白光是由 7 种颜色的光组合成的复色光，通过棱镜可以分解成 7 种单色光，那么，能不能用单色光组合成复色光来验证呢？能。我们可以做一个简单的小实验。把一块白纸板剪成圆形，按照一定比例分成 7 个扇形，依次涂上红、橙、黄、绿、蓝、靛、紫 7 种颜色，如图 1－4。然后，在圆纸板中心扎出个圆滑的小孔，松松地穿在大铁钉子上。它不动时，7 种颜色

紫 红 靛 橙 蓝 黄 绿

图 1－4

清楚分明；如果用手把它拨得飞转起来，这时再看，各种颜色逐渐混合，最后合成了白色，这块彩色板就变成了白纸板。

在牛顿的实验装置中，如果在棱镜和白色屏幕之间加入一个凸透镜，如图 1-5 那样，则从狭窄窗缝进来的那束白光，经棱镜后分解成的各种色光，又被这个凸透镜聚拢，合成为一条狭长的白色光带而投射到屏幕上。这也证明，白光是由各种单色光复合而成的，因此，各种单色光可以合成为复色光。太阳光和灯光都是白光，因为眼睛能直接看见，我们就把它们叫做“可见光”。

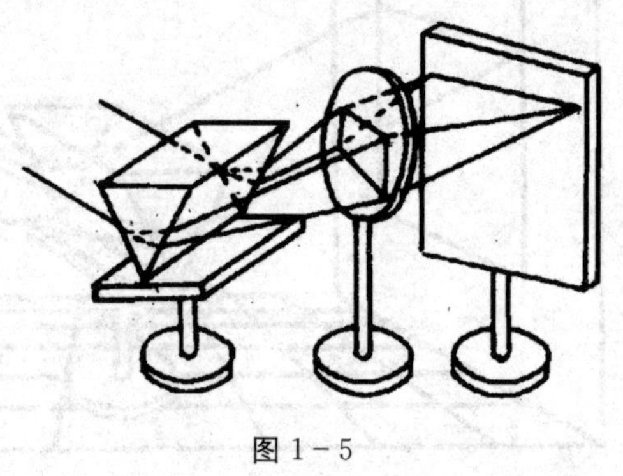

图 1-5

可见光是由 7 个不同单色光组成的，每种单色光都有两个不同的特征，即具有不同的波长和频率。

光的波长和频率是怎么一回事呢？

我们来看一个生活中的实际例子吧。把一块石子投进一片平静的水塘里去，水面上就会产生一圈一圈的波纹，并且大圈套小圈、小圈推大圈地向外传播开去。水波的波纹，如同小波浪一样，一起一伏地向前传播运动。水波断面如图 1-6，我们将凸起来的部分叫做波峰，凹下去的部分叫做波谷。两个相邻的波峰峰顶的距离等于两个相邻的波谷谷底的距离，这段距离长度叫做波长。我们投下石子的大小和力度不同，水波波纹的疏密情况也不同，波纹疏的波长就长些，波纹密的波长就短些；而且，水波波纹的波峰变波谷或波谷变波峰，这样上下起伏向前传播运动的速度也不同，波峰与波谷之间高度差小（波长也小）的波纹，起伏变化就快些，波峰与波谷之间高度差大（波长也

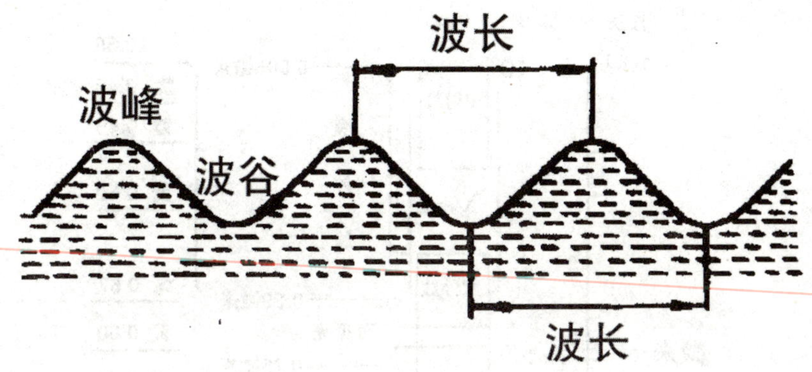

图 1－6

大）的波纹，起伏变化就慢些。波动起伏变化的快慢，叫做频率。从这里可以看出这样一个规律：波长小的波纹起伏变化快，波长大的波纹起伏变化慢。

光是一种电磁波。如同水波一样，光波也有它的波长和频率。可见光的 7 个单色光，颜色不同，波长也不同，频率也不一样。光波的频率用 f 表示，波长用 λ 表示，速度用 C 表示，它们的关系是 $C=f\cdot\lambda$。

光在真空中的传播速度 C 是一个常数，即 2.99792458×10^{8} 米/秒。我们通常取光在真空中传播速度的近似值——每秒 30 万公里，作为光在空气中的传播速度。由于光的传播速度 C 为常数，因此，光的波长 λ 和频率 f 互成反比，也就是说，波长短的光频率高，波长长的光频率低。

电磁波大家庭的组成如图 1－7 所示。从图中可以看出，可见光只不过是电磁波大家庭中的一小部分，波长从 3900 埃到 7600 埃。埃是一个长度单位，1 埃等于 10^{-10} 米，用 Å 表示。可见光的频率从 3.94×10^{14} 到 7.70×10^{14} 赫兹。

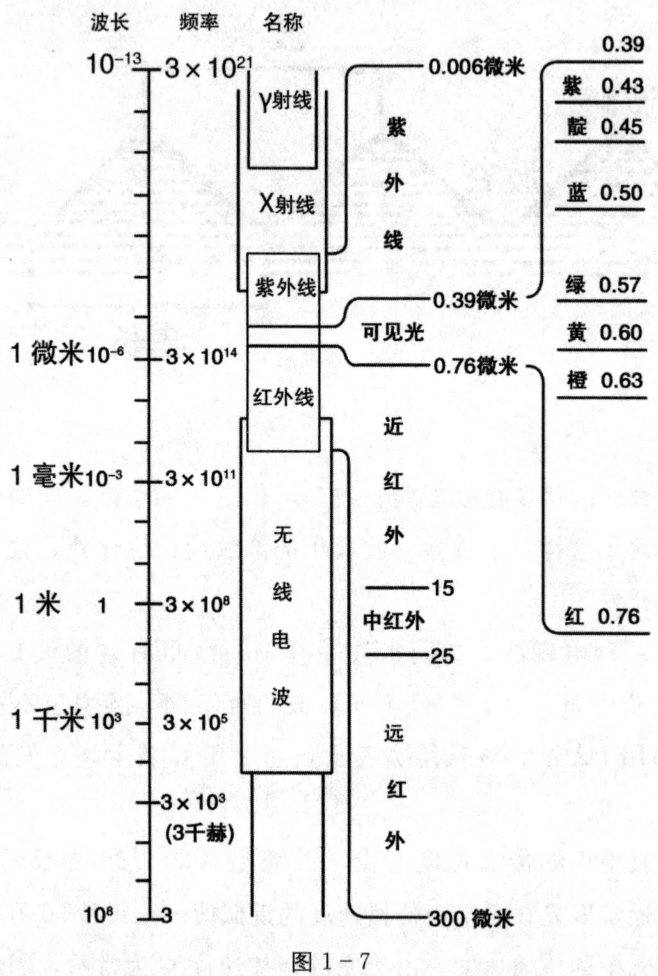

图 1－7

白光还有许多远亲近邻。在红光的“外边”有个亲密的邻居“红外线”；在紫光的“外边”也有个亲密的邻居“紫外线”；再往远处，那亲友就更多了。但是，这些远亲都是眼睛看不见的，称呼为“不可见光线”。

现代科学绽奇葩

人类需要光源。为了冲破天然光源的限制，人们对光源进行了长期研究，创造出了各种各样的人造光源，从豆油灯、煤油灯、蜡烛，到白炽灯、日光灯、炭弧灯、高压钠灯、高压脉冲氙灯……

但是，由于现代工业、军事和科学技术的迅猛发展，现有的光源在亮度、单色性及其他方面，都已远远满足不了需要。于是，人们又继续探索更好的光源。

到 20 世纪初，人类对光的本质的认识已日臻完善。从那个时候起，科学家们拿着"光量子"这把金钥匙，打开原子结构的大门，揭示物质发光的"核心机密"，开始步入创造现代新光源的广阔天地……

说起这件事，要追溯到 1916 年。著名的物理学家爱因斯坦在研究"黑体辐射"定律时，提出光的吸收和发射可经由受激吸收、受激辐射和自发辐射 3 种基本过程，预言构成物质的原子或分子可以通过"受激辐射"的形式进行光的放大。这就意味着，光可以"放大"，从而形成一种强大的光束！

但是，那个时候，由于科学技术和生产力发展水平所限，还没有提出对"光放大"的实际需要。"激光"这个宝宝也就不可能超越时代的需求而创造出来。

直到 20 世纪 40 年代末 50 年代初，光学技术和微波无线电技术蓬勃发展，人们才迫切地感到需要一种可以控制光的产生和放大的"光波振荡器"，就像无线电波可以通过"无线电波振荡器"来产生和控制那样。当时，一批目光敏锐而又勇于创新的年轻科学家，如美国的汤斯、苏联的巴索夫和普洛霍洛夫顺应科学发展的潮流，开始向爱因斯坦预言的科学领域挺进，几乎同时提出了利用物质的原子、分子受激辐射来产生和放大电磁波的崭新的科学思想。

1954年，美国物理学家汤斯和他的同事采用氨分子做实验，第一次制成了氨分子微波激射放大的实验装置。这是一台波长1.25厘米的“分子振荡器”，是最早在实验室内观察到的微波发射。他们把这种类型的系统叫做“辐射的受激发射微波放大”（英文名称的缩写Maser音译为“脉泽”）。1958年，美国的汤斯和肖洛、苏联的巴索夫和普洛霍洛夫分别提出了把量子放大技术用于毫米波、亚毫米波以至可见光波段的可能性。科学家们开始向“光波量子振荡器”——“利用辐射的受激发射实现光的放大”（英文名称的缩写Laser音译为“莱塞”）发起了全面的进攻。

在1958年12月15日的《物理评论》杂志上，美国物理学家汤斯和肖洛发表了一篇关于激光的论文，成为最先发表激光器论述的作者。

在20世纪50年代末，许多科学家和科研小组都投入了“Laser”这场科学技术的攻坚和竞赛。

机遇总是属于那些有准备有头脑的人。在美国休斯公司实验室里，有一位从事红宝石材料研究的年轻科学家梅曼，敏锐地看到“实现光波受激放大”的关键在于选择合适的工作物质，于是，他大胆地抓住时机进行实验。他采用一根红宝石棒作为工作物质，采取一种今天看来非常简单的办法，于1960年制成了世界上第一台激光器，如图1-8所示（左图为激光器外观，右图为激光器结构）。

第一台激光器的诞生，揭开了制造和使用激光器的历史。一大批不同学科和技术背景的人投入到激光器的研制中来，发明创造了不同类型激光器百余种，有气体的、固体的、染料的、化学的、半导体的、准分子的，有一间房子装不下的，有比米粒还小的，名目繁多。

第一台激光器的诞生，标志着人类对光的认识和利用进入了一个

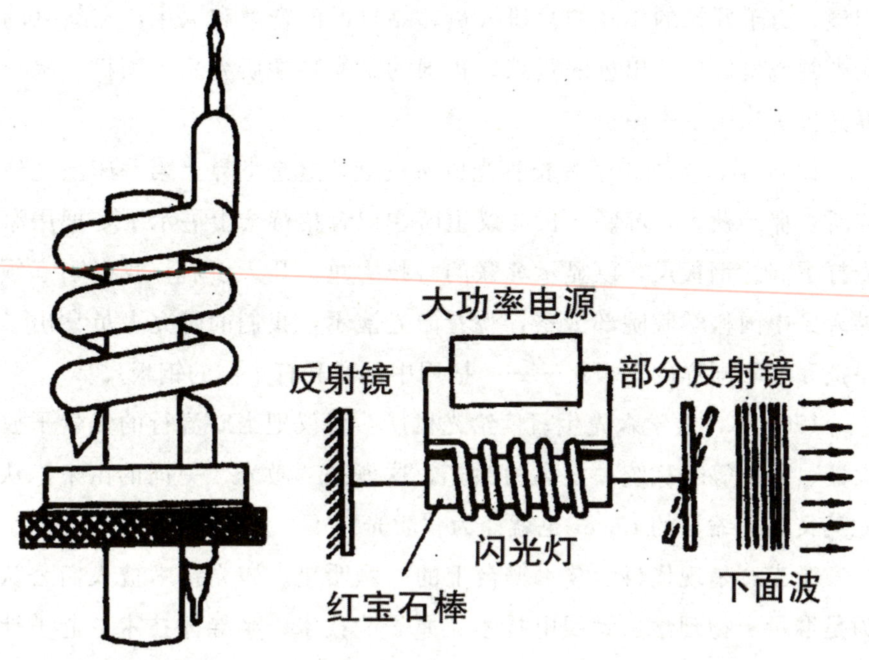

图 1－8

新阶段，揭开了光学发展历史的新的一页。

光学是物理学中最古老的一门基础学科，经过 300 多年的发展，似乎已经达到了顶峰，以至“山重水复疑无路”。激光的出现，使光学“柳暗花明又一村”，一度沉寂的光学焕发了青春活力，以前所有的速度向前发展，成为现代物理学和现代科学技术领域里的一块最活跃的前沿阵地。

1961 年 9 月，我国研制成功了自己的第一台红宝石激光器。

在我国，直到 20 世纪 40 年代末，光学技术和光学工业几乎还是空白，连一台高倍显微镜物镜都造不出来。解放后，仅仅用了 10 年时间，就奠定了我国应用光学技术的基础。在这个基础上，一大批充满朝气、勇于开拓的年轻的科研人员，靠自己的智慧和双手，在新兴的激光领域里做出了出色的贡献。我国的激光科学研究从中国科学院长春光机所起飞了……

1963年，中国科学院长春光机所成立，这是世界上第一座激光研究所。那年秋天，苏联部长会议主席在记者招待会上展示了一把用激光打了洞的钢板尺，以显示苏联的科技力量。几天以后，我国国家领导人到中国科学院院部视察，观看激光演示，我们的研究人员拿出了一把和苏联同样的钢板尺——一把用中国激光打了洞的钢板尺！

1964年，钱学森先生写信给光机所，建议把当时流行的光量子放大器、莱塞等名称统一定名为激光。这就是“激光”一词的由来，从此英文名称缩写的Laser也就译为“激光”了。

激光，是现代科学技术舞台上的一颗明星。激光技术被人们公认为是继量子物理学、无线电技术、原子能技术、半导体技术、电子计算机技术之后的又一重大科学技术新成就。激光在各种学科和技术领域纷纷得到应用，形成了一系列新的交叉学科和应用技术，激光材料加工、激光物理、激光化学、激光医学、激光检测、激光计量、激光全息术、激光光谱学、非线性光学等，不胜枚举。激光的应用已经远远超出了人们的预料，有力地推动着一些基础学科和一系列应用技术的突破性进展。

我国的激光事业经过几十年的发展，在高功率激光、激光频标、激光光谱、激光化学、激光医学等重要分支领域都取得了许多优秀科研成果。激光为我国国民经济提供了强有力的手段，激光在工农业、科研和军事方面的应用取得了显著的经济效益和社会效益。

二、优异的品格

激光，这个时代的骄子，现代科学技术的奇才，从它诞生的那一天起，就受到科学家们的宠爱，得到各行各业人们的青睐，如今更加身手不凡，到处留下璀璨的足迹。这是为什么呢？因为它具有极不寻常的优异的品格……

目标一致齐向前

在我们的日常生活、生产活动和科学实验中，事事离不开光，处处少不了光源。太阳是天然光源，各种各样的灯都是人造光源。天然光源也好，人造光源也好，这些普通光源的发光方式都是一样的——光向四面八方放射开去。

光源向周围放射“光线”，这是我们已经见惯了的，也是非常熟悉的现象，甚至一提到太阳或电灯，我们的脑海里马上就会出现那种“光芒四射”的情景。当我们画一张简笔画的时候，要在画中画上一个太阳，就先在纸上画一个圆圈，然后在它的周围画出一些向外放射的

"光线"。和这种情形相似，描绘一幅夜晚景象，譬如说，画一幅"园丁灯下批作业"，要在画中画出一盏亮着的电灯，也是先画一个灯泡，然后在它周围画出一些向外放射的"光线"。

可是，无论在生产和生活当中，还是在科研与军事方面，往往不希望"光芒四射"，需要的是光线聚拢成"一束"，朝着一个需要照亮的目标投射过去。比如，我们日常生活中用的手电筒，一按开关，一支圆圆的光束直溜溜地发射出去。夜晚，在没有路灯的地方行走，或者在没有灯光的地方找东西，手电筒就成了好帮手，我们可以随意让它把光束投射到需要照亮的地方去。

手电筒为什么能够将光线聚拢起来而投射到一定的方向去呢？这是因为，在手电筒前头那个小圆玻璃"窗口"里，有一个凹面的镜子。它就像一个金属制的小碗，内表面电镀得铮亮铮亮的，反光能力特别强。在凹球面顶部有个圆孔，小灯泡就从这个圆孔把小圆球形的头伸进来。小灯泡发出的光，一部分直接从小玻璃"窗口"射出去，大部分光投射到凹球面镜面上以后反射过来，因而聚拢在一起从"窗口"射出去，形成一支圆圆的光柱。

凹球面反光镜如图 2-1，它是一种小的像饭碗、大的像铁锅的凹形物件。凹球面反光镜的作用是很奇妙的，如果让它凹进去的镜面对

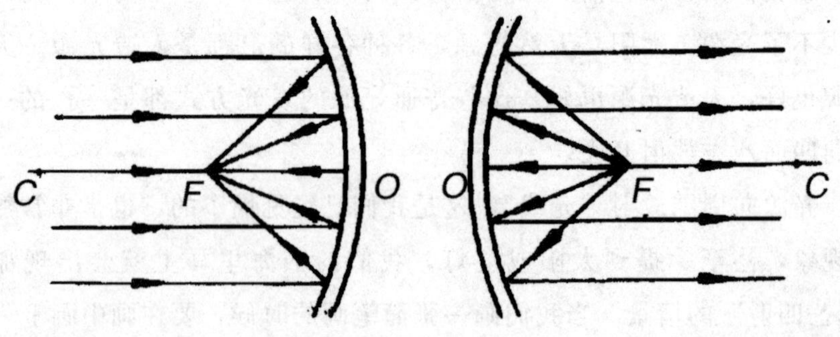

图 2-1

着太阳，阳光照射到镜面上，又被反射回来，反射光集聚于一点 F，在这个位置放置一张纸或其他什么易燃的东西，就会被烤焦，甚至能着起火来，由于这个缘故，人们就把这个点 F 叫做焦点。反过来，如果在它的焦点位置放一个小灯泡，灯光投射到镜面上以后，被反射回来而成为一束平行光束，向着一个方向照射出去。这就是手电筒光柱形成的原理。

利用光滑的球面或抛物面的凹面来反射光的镜子，通常称为凹面镜或凹镜。汽车的照明灯、火车的车头灯、货场的探照灯和交通的信号灯等都是利用凹面镜形成平行光束的。

除了凹面镜，人们还利用凸透镜或者几块镜片构成的透镜组来聚拢光线。

凸透镜如图 2-2，它是一块透明的玻璃，一面是球面，另一面是平面或球面，构成一个中心部分厚而边缘部分薄的镜片。凸透镜的作用也是很奇妙的，一束平行光线投射到凸透镜上，经过凸透镜折射以后，会聚于一点，这个点是它的焦点。如果是阳光会聚在这一点，就能把香烟点着，或把纸烧焦，甚至着起火来。凸透镜能够使一束平行光线会聚到一点，故又称为会聚透镜。反过来，如果在它的焦点位置放一个小灯泡，灯光投射到透镜上，经过透镜折射以后，会形成一束平行光，像凹面镜那样，一个直溜溜的光柱投射出去。人们利用凸透

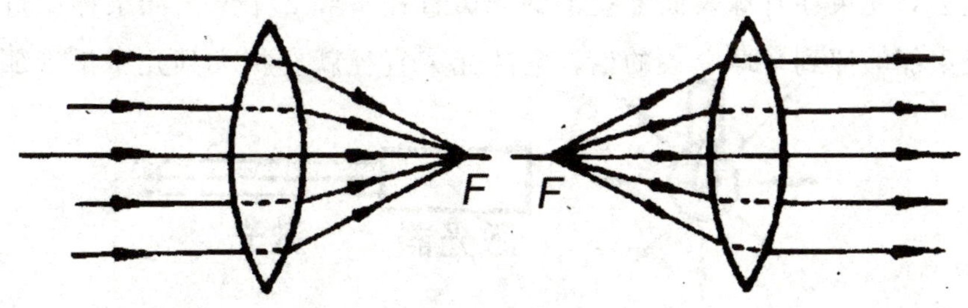

图 2-2

镜的这个特性，制成了各种仪器和用具。舞台用的聚光灯就是利用会聚透镜（也叫聚光镜）形成光束，跟踪和照亮歌手、舞蹈演员。

尽管人们采用凹面镜、聚光镜之类的光学器件，将光束加以会聚集中，但光束仍然具有一定的散开角度。例如，定向性能比较好的探照灯。照射距离只有几公里远，1 米直径的光束照射到几公里远处，光束直径竟扩大到几十米，像个长长的喇叭，因而光大大减弱，被照射面上的光斑大而暗淡。

对于普通光源发出的光，无论采取什么样的聚光技术都不能把它聚拢成为一束理想的平行光束，集中照射一个特定的方向。这就难怪激光一出现就受到人们的青睐了。激光与普通光源发出的光完全不同，激光是人们梦寐以求的方向性极好的光束！

激光，从激光器里一出来，就向着一个确定的方向发射过去。图 2－3 为激光器发射激光（右图）和普通光源发光（左图）的对比。激光光束发散角很小，只有几分，甚至可以小到 1 秒，比目前已掌握的各种各样电磁波的发散角度都小。也就是说，激光束几乎是一束平行光束。

激光器发射的激光束的定向性极高，要比探照灯的定向性高几千倍。例如，一台氦氖激光器发出的激光平行光束，照射到 20 公里远处，光束的直径只扩大 10 厘米。激光束发射到 38 万千米之外的月球上去，光束在月球表面上投下的光斑直径不到 2 千米。如果探照灯的光束能够照到月球上去的话，它的光束直径就要扩大到几千千米那么

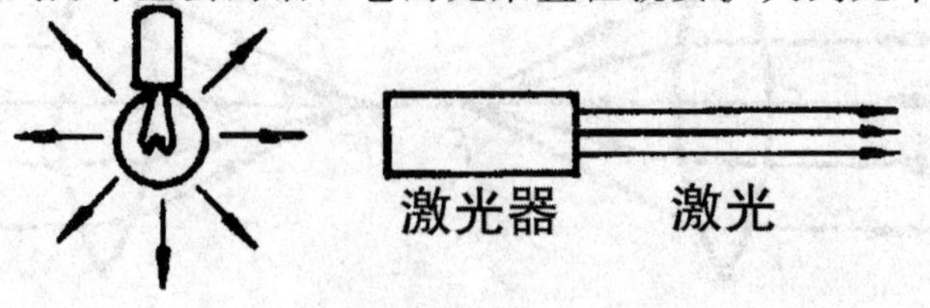

图 2－3

大的范围。相比之下，激光束的平行性和定向性是多么好，而探照灯光束的平行性和定向性又差得多么远啊！更有趣的是，激光束发射到月球上之后，光束散开得很少，能量损失得不多，它直去直回，还可以从月球反射回到地面上来。正因为这样，人们采用激光来精确测定地球和月球之间的距离，测量的误差不超过 1 米。

激光的方向性这么好，是因为有一个特殊的激光的形成和发射的结构，就像子弹从枪筒里发射出去那样。一颗子弹在弹仓里受到击发，就沿着枪筒向前跑，在枪筒的导向作用下，子弹便确定了它的前进方向。激光束也有它的“光发射枪”，名叫激光器的谐振腔，只有那些传播方向严格地与谐振腔轴线平行的光子，才能在谐振腔里通过来回反射而形成“受激”放大。全部光子都必须目标一致齐向前，方向稍有偏离的光子都要被淘汰掉，这样，从激光器输出的激光束便是与激光器谐振腔的轴线完全平行一致的光束。激光器的指向就是激光束的确定方向。由于光是直线前进的，绝不会像子弹那样在空中走抛物线的道路，因此，激光器指向哪里，激光束就打到哪里，准确无误。

高定向性是激光的第一大特点。这一优异品格在准直、测距、通讯等领域都大有用场。例如，在建设施工中常常要进行“调调线”——刨一块木板，用眼睛瞄一瞄平直不平直；砌一堵砖墙，拉一根线绳作基准；修一条路，或者兴建一项工程，那就要用水平仪或经纬仪来测量了。这些工作都是“准直”工作，如今最好的准直工具是激光准直仪。又如，在大海上，一艘船给另一艘船发信号，白天，可以打旗语，夜里，可以打灯光，这是在大气中进行通信联络的最简单通信方式。现在有了激光，大气光通信便有了最好的工具。激光发散角小，到达接收一方的光束的光斑直径很小，在这个光斑以外的地方是收不到信号的，有利于保密，而且能量集中，传送距离可以很远，适合于进行长距离通信联络。

单纯朴实更可贵

太阳光和白炽灯光都是复色光。如前面讲的那样，复色光通过三棱镜分解为红、橙、黄、绿、蓝、靛、紫 7 种单色光。光的颜色是由光的波长决定的，这 7 种单色光的颜色不同是因为它们的波长不同，在人的眼睛的视网膜上引起的视觉不同。

人的眼睛是一种非常巧妙的器官，具有彩色照相机的全部本事。来自外界景物的光线经过眼睛前面的晶状体，就像经过照相机镜头那样形成实像，这个实像恰好形成在眼睛后面的视网膜上（参看图 3—1）。视网膜上有许许多多的视神经细胞：一种是棒状细胞，能够分辨明暗；另一种是锥状细胞，能够辨别颜色。当一景物成像在视网膜上的时候，视神经细胞即感受到了明暗和颜色，并把自己的感受报告给“总指挥部”——大脑。这样，人就看到了景物，其中包括锥状细胞报告的信息——景物的颜色。

然而，眼睛的本事毕竟是有限的，只能看见波长 0.39～0.76 微米范围的白光。前面讲过，红、橙、黄、绿、蓝、靛、紫这 7 种色光组成一条艳丽的彩带，我们把它叫做光谱。这是白光的光谱，人的眼睛能看见的，所以白光也叫做可见光。白光家族的左邻右舍，还有许许多多人眼看不见的光线。在 7 色彩带紫光一端的外边，有比紫光波长更短的紫外线；在 7 色彩带红光一端的外边，有比红光波长更长的红外线。这些都是波长比可见光或长或短的不可见光线。

白光是由 7 种不同的单色光复合成的，每一种单色光都有一定的频率和波长（见表2-1）。

表2-1 各单色光的频率和波长

光谱的区域	频率（赫兹）	（在真空中）波长（微米）
红	$3.94\times10^{14}\sim4.70\times10^{14}$	0.76～0.63
橙、黄	$4.70\times10^{14}\sim5.18\times10^{14}$	0.63～0.57
绿	$5.18\times10^{14}\sim6.00\times10^{14}$	0.57～0.50
蓝、靛	$6.00\times10^{14}\sim6.67\times10^{14}$	0.50～0.43
紫	$6.67\times10^{14}\sim7.70\times10^{14}$	0.43～0.39

其实，这7种单色光中的每一种色光，也都不是很单纯的。以往人们所获得的任何一种单色光，都不是严格的只含有一种频率的光子，换句话说，不是单一波长，而是具有一个波长范围。既然复色光能够分解成单色光，那么，具有一定波长范围的单色光能不能再分解呢？也能分解。不过，单色光分解后，不会出现一段连续的彩带，而是形成一条条分立的亮线，叫做谱线。

谱线究竟是怎么回事呢？

炽热的固体、液体或高热气体发光所形成的光谱，是由红到紫一切波长的光组成的连续彩带，因而称为连续光谱。白炽电灯发光，灯丝温度达2000℃左右，这是炽热的固体发光。熔融钢水发光，温度也达2000℃左右，这是炽热的液体发光。这些东西发出的光，通过三棱镜形成的都是连续光谱。

一束光，如果只含有一种或几种波长的不连续的光波，光谱就是另一种样子了。譬如说，由稀薄气体或蒸气在高温下发光形成的光谱，就是由一条或若干条不连续的明线所组成，因而叫做明线光谱。例如，把盐类粉末放在煤气灯或酒精灯的火焰中，盐类在高温下分解，其中金属蒸发后的炽热蒸气也会发光。这种火焰发出的光色散后，除了火焰本身形成的微弱的连续光谱，还在连续光谱的背景上出现由炽热的金属蒸气发光形成的一些明线。采取封闭玻璃管内稀薄气体辉光放电的办法，也能得到这种气体的明线光谱。

明线光谱是游离状态的原子发光产生的，因而叫做原子光谱。各种物质的原子都有一定的明线光谱；原子不同，明线光谱也不同。每一种原子在发光时只能发出它独有的、具有原子本身特征的那些波长的光。由于这个缘故，明线光谱的谱线就叫做该元素原子的特征谱线或标识谱线。图 2－4 是氢光谱的谱线。

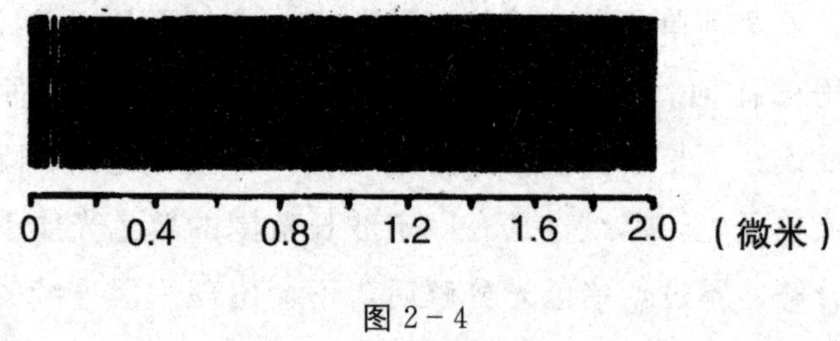

图 2－4

和明线光谱相反，高温物体发出的白光，穿过温度较低的蒸气或气体之后形成的光谱，在连续光谱背景上分布有许多暗线，这种光谱叫做吸收光谱。例如，弧光灯发出的白光穿过低温的钠的蒸气，经过棱镜色散以后形成的光谱就是吸收光谱，即背景是明亮的连续光谱，而在钠的黄色特征谱线的位置处出现了暗线。同样的，白光穿过别的元素的低温蒸气，则在连续光谱的背景上该元素的特征谱线位置处，就会出现这种元素的相应的暗线。各种原子的吸收光谱中的每一条暗线，都跟该种原子的发射光谱中的一条明线相对应。这表明，低温气体原子所能吸收的光，跟这种原子在高温时所能发出的光是一致的。

在激光出现以前，人们所能得到的任何一种单色光，经过分解（色散）以后，在形成的光谱中并不是只含有一条谱线。也就是说，以往人们所得到的单色光远远不够单纯，它包含一定波长范围的光波波长，因此，那些单色光的谱线也具有一定的宽度。

单色光的波长范围就是单色光的谱线宽度。波长范围越小，谱线宽度越窄，这种单色光就越单纯，我们就说它的单色性好；反之，波长范围越大，谱线宽度越宽，这种单色光就越是不纯，我们就说它的单色性差。因此，谱线宽度是衡量光源单色性好坏的标志。

通常，我们说的单色光，是指谱线宽度很窄的一段光波。如果用λ表示光波的波长，则 $\Delta\lambda$ 表示这种光波的谱线宽度。一种单色光谱线宽度越窄，$\Delta\lambda$ 越小，这种单色光就越纯，也就是说，它的单色性好。例如，普通光源中的氪（K^{86}）灯发出的光，是单色光中较纯的，它的波长λ =0.6057 微米，谱线宽度 $\Delta\lambda$ =0.00000047 微米。

长期以来，科学家们不断寻求纯而又纯的单色光，创造出多种多样能发射单色光的光源，即单色光源。但是，无论哪一种单色光源，所发出的光的纯度都不够理想。直到激光器诞生之后，人们才获得了真正的单色光源。

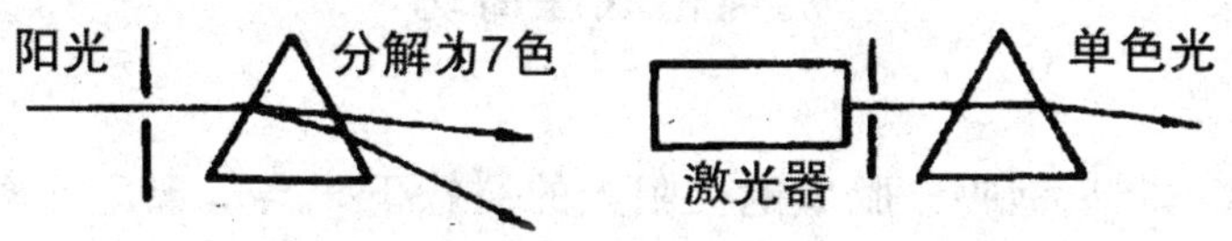

图 2 - 5

激光的单色性最好，光色最单纯。图 2 - 5 为激光器发出的光通过三棱镜（右图）和普通光源发出的光通过三棱镜（左图）的对比。例如，氦一氖激光器发出的单色光，是一束极单纯的红光，波长λ = 0.6328 微米，谱线宽度 $\Delta\lambda$ =0.0000000001 微米。由此可见，氦一氖激光器发射的光的单色性比一般单色光源的单色性高几万倍！

激光是目前最好的单色光。

激光的单色性这么好，是因为激光的全体光子在它们生长的“摇篮”和“学校”——激光器的谐振腔里训练有素，并经过严格的优化选择，才形成一个纯而又纯的光子队伍（后面将要详细地介绍）。在谐振腔里，诱发产生的“受激辐射”光子绝大多数都是符合一定特点的两个能级差的特征相同的光子，而从能级间跃迁产生的其他频率的光子数目很少。而且，由于谐振腔的两个反射镜面间有严格的距离，“受激辐射”光子队伍在两个反射镜面间来回反射，恰好以相同的“相位”叠加而得到加强，其他频率的光子相互叠加则被削弱下去。

激光的高单色性，是激光的第二大特点。激光这种优异品格在精密测量、定位、测速、检查平晶加工质量等方面都大有用武之地。例如，可以用稳定输出的激光波长作为长度计量单位，从而使测量精度和可测距离大大提高。单色性越好，可测量的长度越长，精度也越高。目前，激光精密测长仪已成为理想的精密测量工具。

相辅相成建奇功

你吹过肥皂泡吗？肥皂泡在阳光的照耀下，会呈现出五颜六色的虹彩。原来，肥皂泡是一个有一定厚度的透明薄膜，阳光在它的内外两个表面反射后，出现了具有相同波长、不同相位的两列波，它们发生“光的干涉”现象，于是出现了彩色干涉条纹。

“光的干涉”是怎么回事呢？

让我们来看一个生活中的实际例子吧。把一块石子投进平静的湖水里，就会在水面上激起一圈圈的涟漪。如果把两块石子同时投进湖水的两个相距不远处，在水面上同时激起两列水波，它们相遇而产生一种奇丽的图景——高低相同的圆波纹和放射形状的条波纹。这是因为，两列水波的波峰与波峰相遇处和两列水波的波谷与波谷相遇处，水波波动更加剧烈；而一列水波的波峰与另一列水波的波谷相遇处，波动相互减弱了。图 2－6 表示两列波相遇后叠加的情况：上图表明波 1 和波 2 叠加时振动相长而得到加强，形成波 3；下图表明波 1 和波 2 叠加时振动相消而被减弱，形成波 3。这就是两列水波相互“干涉”的现象。

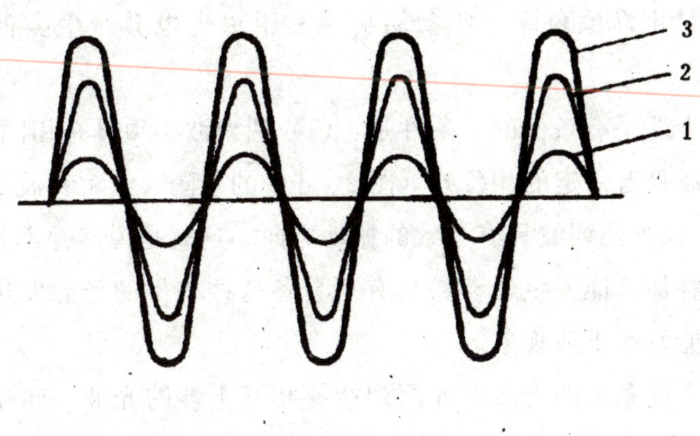

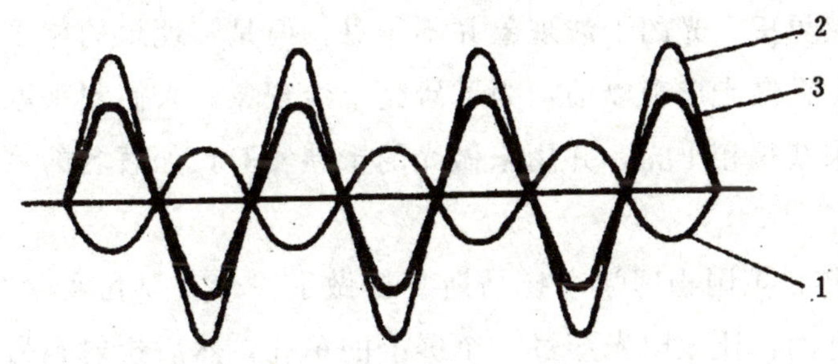

图 2－6

光的干涉也是这样。从同一光源发出的两列光波，具有相同的波长，在它们相遇交叠的空间的某些地方，也会像水波那样相互增强或削弱，因而出现亮度的明暗变化，或出现彩色现象。如果是单色光源，看到的是明暗相间的条纹；如果是白光光源，看到的是色彩复杂的花样。在一般情况下，我们眼睛直接看到的，往往是某些薄膜所产生的干涉条纹，就像我们常见的肥皂泡所产生的彩色干涉条纹那样。例如，在水沟水洼的水面上，在河溪汇流或拐弯处的水面上，在海湾港口的水面上，常常漂浮着薄薄的油膜，在阳光的照射下形成彩色花样。雨后，在光滑的柏油马路上，汽车驶过留下的油污薄膜，也会形成类似的彩色花样。还有，云母片等透明物“起层”造成的裂缝，能形成空气隙的薄膜干涉颜色。一些禽鸟羽毛和甲虫壳也会产生类似的干涉颜色。

光的干涉是有条件的。条件是：(1) 两列波必须具有相同的波长；(2) 两列波具有一定的相位差（图 2-6 中的下图，波 1 和波 2 正好相差 180°）；(3) 两列波具有一致的振动方向。这就是说，并不是任意两列波相遇叠加都能发生干涉，只有从具备这些条件的光源发出的两列波相遇才能发生干涉现象。

具备上述条件的光波，即两列能够相互干涉的光波，叫做相干光波或相干光。能够产生相干光的光源，就叫做相干光源。

在自然界里，光的干涉现象并不罕见，但是，理想的相干光源却十分难得。在激光出现以前，为了研究干涉现象，人们曾采取了许多巧妙办法来获得相干光，并用来做光的干涉实验，如著名的“杨氏干涉实验”。

1801 年，英国物理学家托马斯·杨做了一个“双孔实验”。实验方法是这样的：让太阳光穿过一个屏上的单孔，然后投射到另一个开有双孔的屏上，穿过这两个小孔，光被分成了两束。由于把同一光源发出的光人为地分成两束，这样就保证了这两束光必然具有相同的频率（或波长）和恒定的相位差，因而可以把双孔看成为两个相干的点光源。再使这两束光在后边的像屏上相遇而叠加，于是，两束光在相位相同处相互加强（如图 2-6 中上图），在相位相反处相互减弱或抵消（如图 2-6 中下图），便发生了干涉现象。太阳光是复色光，是由波长不同的单色光组成的，每一种单色光都由两支来路不同的光束各

自在屏上不同位置处得到加强或减弱，最后在屏上就会呈现出彩色的干涉条纹来。

第二年，托马斯·杨为了进一步研究干涉现象，又做了一个“双缝实验”。实验装置如图 2－7 那样：一个具有一定波长的光源 L，照射一块不透明的遮光板，板上有一条狭缝 S。这个单缝 S 被单色光源照亮，作为线状光源。由 S 发出一列圆柱面波 W。前边，又有一块不透明的遮光板，板上有两条离得很近并相互平行的双狭缝 S_1 和 S_2。这两条狭缝 S_1 和 S_2 到 S 的距离相等，并且在长度方向上与 S 长度平行。光波 W 由 S_1 和 S_2 发出两列圆柱面波 W_1 和 W_2，从而由同一光源 S 得出了两列波，成为相干线光源。在更远一些的地方，放置一块白纸或毛玻璃的像屏。两个带狭缝的不透明板相互平行，并且与像屏平行。来自同一光源 L 的两列波从 S_1 和 S_2 发出，投射到像屏上，就在像屏上形成一系列明暗相间的干涉条纹，每一条纹都与狭缝平行，条纹间的距离彼此相等。如上所述，在两列波的波峰与波峰相遇处（实线与实线相交处）或波谷与波谷相遇处（虚线与虚线相交处），波得到增强，光强度大，便形成明条纹；在两列波的波峰与波谷相遇处（实线与虚线相交处），波受到削弱，光强度小，便形成暗条纹。

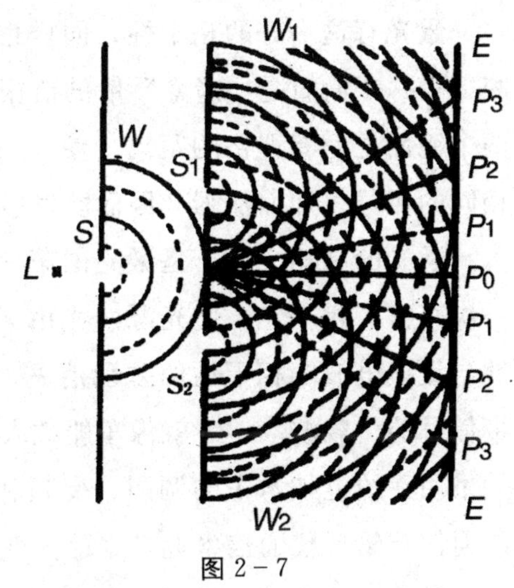

图 2－7

在杨氏双缝实验中，第一块板上的单缝 S 被照亮而作为线状光源，第二块板上的双缝形成两列圆柱面波，成为相干光源，在远处的屏上形成一系列明暗相间的条纹。如果将单缝 S 板拿去，让光源发出的光直接穿过双缝 S_1 和 S_2，则屏上的干涉条纹立即消失。但是，如果我们把光源 L 换成激光器，则屏上又会出现干涉条纹。这就表明，激光器同时起到了光源和单缝的作用，是良好的相干光源。也就是说，激光器所有各点发出的光，如同从一个点发出的光一样，具有相同的频率、一样的相位、一致的振动方向。因此，屏上会出现明暗相间的清晰条纹。由此可见，激光具有高度的相干性。利用激光做干涉实验，那就简单方便多了。

激光有这么好的相干性，同样也是因为激光器有一个特殊的谐振腔——一个简直是“魔盒”般的谐振腔。在谐振腔两端有两个反射镜，两个镜面之间有严格的距离，使某一波长的受激辐射光反射后总是以相同的相位叠加而加强，因而能发射出特征完全相同的光子。

激光的高相干性，是激光的第三大特点。激光的出现，使人们第一次获得了相干光，使光源发光由无规则变为可控制，使光的非相干性与无线电波的相干性的差别消失。因此，人们可以利用光波作为携带信号的“载波”——就像车船载人运货那样，光波运载着通信信号，并采用无线电技术中的调制、变频和放大等方法，实现以光波为手段的通信，给现代通信事业带来巨大变化。高相干性的激光的干涉技术，在科研和工业方面都是很有用的，如通过准确测定光谱谱线的波长来研究原子内部结构，精确测定长度等。人们还制造出各种干涉仪，广泛地应用在生产、科研和军事方面。

强光明亮胜太阳

相传 2200 多年前，有一次，罗马战舰攻打希腊城池，战斗异常激

烈。在十分危急的时刻，科学家阿基米德献上一条妙计。于是，国王按照阿基米德计策，命人连夜制造几个凹面反光镜，第二天，派人把这些凹面镜送到前沿阵地，让几名战士手持凹面镜，将太阳光集中反射到敌舰上。那时候，战舰都是木制的，这“光武器”一照射，确实奏效，高亮灼热的光束使敌舰燃烧起熊熊烈火，侵略者莫名其妙地葬身于大海之中了。

这不过是人们对光武器的一种幻想。科学计算告诉我们：要烧毁1千米以外的敌舰，必须采用直径1千米以上的凹面镜或几千个相当大的凹面镜集中照射敌舰，而且要求那些凹面镜的反光能力极强。在那科学技术不发达的古代，要以光武器摧毁敌方设施，是根本办不到的。这样的目的，如今则能够达到。不过，不是采用凹面镜，而是采用强大的激光束。今天的战争，战舰都是钢铁制造的，军事设施都是很厚的钢骨水泥建造的，没关系，都不在话下——强大的激光束，能够产生几千度、几万度的高温强热，光束照射到钢板或混凝土上，一眨眼功夫，被照射的钢板或水泥就会被熔融，甚至被烧掉！

激光有这样的威力，是因为它是一种亮度极高、能量易于集中和发射的光束，在现代人造光源中独占鳌头。

一般的人造光源，如白炽灯和日光灯，它们的亮度是很低的。氙灯的亮度比普通的灯光要亮得多，一盏5万瓦的氙灯的亮度约为1000盏100瓦的普通白炽灯的亮度，高压脉冲氙灯的亮度比太阳表面的亮度还要高几倍。然而，这种氙灯在激光面前，还只能算是个“小不点儿”。平时，我们说太阳最亮，人的眼睛是不敢直视的。但是，就目前来说，已有的激光器发射的光的亮度，比太阳表面的亮度要高几十万倍至几百亿倍！如此高亮度的光束，具有极强大的力量，如果将这样的激光束会聚起来，便可以产生几万度甚至上百万度的高温高热，轻而易举就能穿透钢铁或其他坚硬的材料。

一般的人造光源，像白炽灯和日光灯，发出的光通常是向四周辐射的，能量是很分散的，不像激光器发出的激光那么定向、那么集中。普通的灯光，即使采用光学方法加以集中，比如用凸透镜聚集起来，也只能聚集其中的一部分，而且还难于聚焦到极小的范围内，普通灯光不能聚焦到极小的范围内的原因有二：(1) 一般的光源是有一定大小的发光体，如白炽灯泡的灯丝的直径、长度和形状大小，经过透镜形成一定大小的灯丝像；(2) 一般的光源发出的光包含有多种波长，经过透镜聚焦时就如同经过三棱镜（凸透镜相当于两个尖顶向外、底对着底的棱镜），产生色散作用，各种不同波长的光经过凸透镜后在后边分别形成自己的像点，使聚焦后的光斑增大。激光则不同，由于它的方向性好，输出的几乎是一束平行光，再经过凸透镜加以会聚，便几乎集中在一个点上，范围极小，在空间上具有亮度和能量的集中性。图 2-8 为激光器发出的光经过凸透镜会聚（右图）和普通光源发出的光经过凸透镜会聚（左图）的对比。

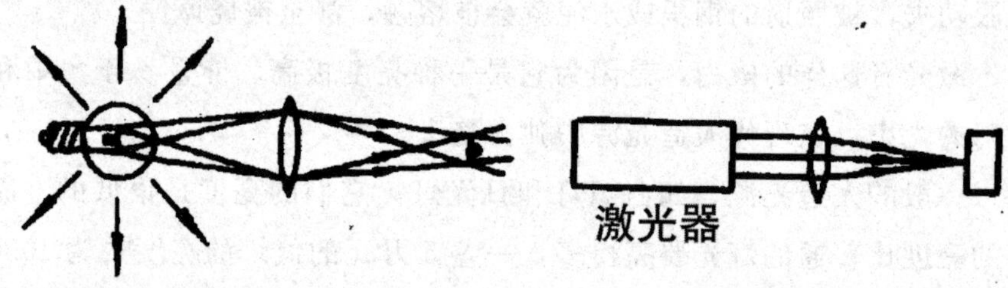

图 2-8

例如，一个具有球状灯丝的灯泡，灯丝直径为 7 毫米，输出功率 100 瓦，在所有的方向上每秒发射的光能量都是 100 焦。在离灯泡 1 米远处有一个直径和焦距都是 5 厘米的凸透镜，灯泡发出的光经过这个凸透镜聚焦，形成一个直径 0.36 毫米的圆形灯丝像，集中在灯丝像上的光能量为 15.6 毫焦，单位面积内的能量——能量密度为 145 毫焦

/毫米^2。

另一个是小型的氦氖激光器输出的激光，波长为0.6328微米，最大功率为1毫瓦，即每秒发射的光能量约为1毫焦。这种激光的光束直径约为1毫米，通过凸透镜可以使激光束聚焦在直径5微米的区域内。这样，与聚焦前比，同样的激光能量便集中在四万分之一的小面积内。因此，单位面积内的能量——能量密度等于聚焦前的40000倍。这种小型的氦氖激光器输出的激光，在聚焦以前，光能量密度为1.27毫焦/毫米^2；在聚焦以后，光能量密度达到50900毫焦/毫米^2。

从上面的例子，我们看到：一个100瓦的灯泡发出的光，聚焦后焦点处的能量密度只有145毫焦/毫米^2，而一个仅有1毫瓦的氦氖激光器发出的光，聚焦后焦点处的能量密度竟高达50900毫焦。从光束焦点的能量密度与光源的输出功率的比值来看，灯光为0.00145，激光为50900，这就是说，激光的能量聚焦效率比灯光的能量聚焦效率要高3500万倍!

利用激光这一特性，可以在金属薄片或合成树脂膜片上打出许多有规则排列的直径1微米的小孔——只有一根头发丝直径1/70的小孔！这类精密加工，以前是不可能办到的。

激光具有很好的方向性，在发射方向的空间内光能量高度集中，所以激光的亮度比普通光的亮度高千万倍，甚至亿万倍。而且，由于激光可以控制，使光能量不仅在空间上高度集中，同时在时间上也高度集中，因而可以在一瞬间产生出巨大的光热，成为无坚不摧的强大光束。

激光能量在时间上的高度集中，这就是说，激光能够在极短的时间内突然爆发产生，而以瞬时脉冲形式发射出去。

什么是脉冲呢？我们知道，人的心脏在不停地跳动，那是它正在交替地进行着收缩和舒张动作，给血液以变化的压力，使血液在人体血管里不息地循环流动。于是，手腕上的动脉血管与心脏同步跳动着，这就是平常所说的脉搏。就像脉搏一下一下地跳动一样，人们把电流、电压、光通量的短暂起伏称为脉冲。脉冲有矩形、梯形、三角形、锯齿形等形状，如图 2－9 所示。脉冲所能达到的最大值叫做“脉冲幅度”；脉冲持续的时间叫做“脉冲宽度”。形状、幅度和宽度是脉冲的 3 个主要参数。脉冲每秒重复出现的个数称作“脉冲频率”，它的倒数称为“脉冲周期”。研究怎样实现脉冲的形成、变换、调制、放大和传送的一门技术就是脉冲技术。它广泛地应用在自动控制、电子数字计算机、电子仪器、电视和雷达等方面。

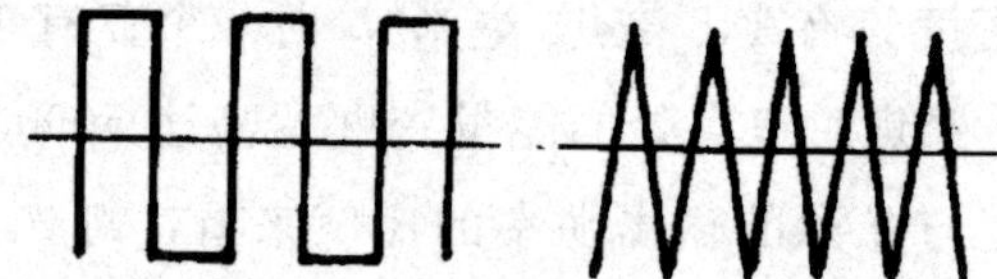

图 2－9

激光脉冲，例如调 Q 激光器的脉冲，在千分之几秒甚至于百万分之几秒的极短极短的时间内发射出去，激光亮度成万倍地提高，可以达到比太阳表面亮度高 100 亿倍！如此高亮度的激光束会聚起来，能在几微米范围内产生上万度高温、上万个大气压，在很短的时间内，能使一些难熔物质熔化以至汽化，成为穿透铜墙铁壁的光武器！

激光的高亮度，是激光的第四大特点。激光这一特长，在许多领域里得到了发挥。在工业生产中，利用激光高亮度特点已成功地进行了激光打孔、切割和焊接。在医学上，利用激光的高能量可使剥离视网膜凝结和进行外科手术。在测绘方面，可以进行地球到月球之间距离的测量和卫星大地测量。在军事领域，激光能量提高，可以制成摧毁敌机和导弹的光武器。

三、丰伟的功绩

在科学技术发展的道路上，往往有这种情况：一门新科学、一种新技术的出现，打开了新的通道，于是，万象更新，创造出惊人的奇迹来。激光的出现，就是这样。她虽然才出现几十年，却已为人类立下了丰伟的功绩……

穿钢断铁的利器

一辆自行车，一台缝纫机，都是由各种各样的零部件组装成的。我们仔细观察一下，就会发现，自行车和缝纫机的许多零件都有孔，通过这些孔用螺钉或铆钉把这些零件相互连接起来。

金属零件上的孔是怎么“打”出来的呢？有的零件是冲压制造的，孔也就在冲压制造零件时“打”出来了。大多数机械零件上的孔，都是采用一种钻孔用的钻床“打”出来的。钻床上安装有一种像麻花一样的钻头，俗称“麻花钻”。钻头在机床动力驱动下，高速旋转起来，那锋刃的头部便能钻进钢铁零件里去，钻掉的铁屑从麻花状的沟槽中跑出来，金属零件就被钻出了孔。

在工业上，常常有许多零件需要打孔，打孔是一种不可缺少的机械加工工序。生产的发展，技术的进步，对打孔的孔径、精度和效率提出了更高的要求，譬如说，要求打出比头发丝还细小得多的微孔，要求打出的孔形状十分规整，通常的机械打孔方法已经远远满足不了甚至没有办法达到这些要求。

激光的出现，为我们提供了一种极好的打孔技术——激光打孔。

激光打孔，其实说它是“打孔”，不如说它是“烧孔”。激光打孔是利用激光的高亮度和高定向性的特点，采取聚焦方法把激光的光能集中在空间的一定范围内，从而获得比较大的光的功率密集度，产生几千度到几万度的高热。在这么高的温度下，一些高熔点的金属和非金属材料都会迅速熔化，甚至汽化。

激光“烧孔”是怎么回事呢？

让我们来做一个小实验，观察一下光是怎样“烧孔”的吧。我们将放大镜对准太阳，让阳光透过放大镜而照射在下面的纸上，手拿放大镜上下移动，直到纸上的光斑变得很小很亮为止。本来太阳光照到的地方就热，这个点又是太阳光经过透镜而集中的地方，那就更热了，这个点就会被烤焦，甚至会着起火来。正是由于这个缘故，人们把放大镜叫做“火镜”，而把光线会聚、使物体烤焦的点叫做透镜的焦点。

从这里，我们可以想到，激光的亮度比太阳的亮度要高几十万倍至几百亿倍，而且，激光本身的定向性就极好，如果再采取光学方法加以聚焦的话，那不是很容易得到温度极高的光束，一种用来烧穿一切材料的光束吗？

那么，为什么说激光“打孔”呢？

根据研究，功率密度极高的聚焦激光束“打”在工件上，在工件上极小的区域内产生上万度的高温，使工件表面材料急剧熔化，从而

迅速汽化蒸发。在千分之几秒的瞬间，犹如产生了一次微型的爆炸，汽化的物质以比声速还快的速度喷射出来，产生一缕青烟。物质喷射的反冲力在工件内部形成一个强有力的冲击波，在冲击波的作用下，工件就被打出了一个孔。因此，这个孔确实是“打”出来的。

现代工业技术使用耐熔的硬质材料越来越多，而要在这样的材料上打出极细小的孔，成为机械加工中的技术难题。例如，生产化学纤维用的“喷丝头”，就是机械加工“难啃的骨头”。

在我们的生活中，化学纤维衣物和织品日益增多，的确良衬衫、腈纶上衣、涤纶裤子，还有锦纶或尼龙的袜子等。在这些化学纤维织物中，纤维丝都是比头发还要细的。生产这些化学纤维，需要有一种喷丝头，就像浇花水壶的喷头或淋浴器的喷头那样。这种化学纤维喷丝头，是用难熔的硬质合金制成的，直径约为10厘米，在这么大一块金属圆盘上要打出10000多个直径只有0.06毫米的小孔，而且小孔直径的大小要一样。如果小孔有的大，有的小，那么，从喷丝头“喷”出来的化学纤维就会粗细不均匀，那就是一堆废品。要在那么一块圆盘上密密麻麻地打出10000多个要求严格的小孔，如果采取机械加工的方法，需要四五个熟练工人干七八天才能完成，而采用激光打孔的方法，只需要2小时就完成了。而且，机械加工方法很难保证小孔大小一致，激光打孔却可以完全保证质量，还省去大量的检验时间。

激光打孔，通常采用重复脉冲式固体激光器，聚焦的激光束所到之处，一缕青烟升起，小孔即时出现。在各种硬度很高的金属或非金属的材料、元件上，打出十分细微的小孔，直径几十微米的，甚至只有几微米的。例如，钟表的宝石轴承，金刚石拉丝模具，锅炉和发动机使用的硬质合金喷油咀，喷气发动机上用的涡轮导向叶片，电子束喷枪，以及陶瓷、玻璃、橡胶和塑料等制品，都可以利用激光来打孔。

激光打孔的第一个特点是精确。激光打孔采用光学瞄准，定位精度高，打出来的孔位置准确，孔形十分好。在金属、金刚石、陶瓷上，可以打出直径只有10微米的细孔，孔径与孔深之比为1∶50，小孔又细又深。

激光打孔的第二个特点是神速。激光打孔速度极快，加工效率非常高。在金刚石上打穿一个孔，普通机械加工方法需要几个小时，激光打孔则只需要不到0.01秒。因此，钟表工业采用高自动化的钻石轴承激光打孔机，生产效率和产品质量都显著提高。

激光打孔的第三个特点是方便。激光打孔是利用聚焦的光束，不需要钻头，这样就避免了钻头磨损、折断和更换等麻烦，操作十分方便，而且可以在工件运动过程中进行加工。激光打孔使用灵活，不仅可以在空气中，而且可以在真空中或其他气体环境中进行工作。此外，激光束也可以穿过玻璃等透明物质，以非接触方式给玻璃罩或透明壳体内的工件打孔；还可以借助于光学成像方法，在盲孔底部或侧深部位进行打孔。

激光能够打孔，如果在打孔时移动激光束或移动工件，像缝纫机机针在布料上穿孔那样，结果将怎么样呢？那就会连续地打出一排小孔，正如一大张邮票，每一枚邮票同其他枚邮票之间有一行小孔一样。如果让激光打出的孔接连成一条线，就可以将工件截断。因此，激光这支神钻也可以用来切割材料，特别是切割那些用普通机械方法难以切割的高硬度、高熔点的金属或非金属材料以及脆性材料。激光切割速度快，效率高；切缝窄，材料损耗少；切割边缘光洁，尺寸准确。

激光能够打孔，是因为聚焦激光束温度极高，如果采用适当的方法控制光束的能量，让它只把材料烧熔而不把材料“烧穿”，那就可以用来将两块材料或两个工件熔合在一起，这就是激光焊接。激光焊接要比普通的“水焊”（气焊）和电焊“神”多啦！它不仅可以用在两个同种材料的工件之间焊接，还可以用在金属和非金属材料之间进行焊

接。激光既可以焊接大型造船钢板、汽车底盘及各种发动机管路，又可以焊接微型元件，如仪表游丝、电子器件引线、印刷电路和集成电路等。激光焊接的主要特点是定位精确、操作灵活、焊区范围窄小，不容易引起焊区周围的受热变形和机械变形，不容易产生溅污，此外，还具有成本低、效率高和容易实现自动化等优点。

目前，我国激光加工技术已跻身国际先进行列。例如，机电部一家研究所研制的我国第一台高平均功率 Nd：YAG 激光加工机，总体指标达到国际先进水平。这种激光加工机的主体部分激光器的平均输出功率 800 瓦，单脉冲输出能量为 98 焦以上。整机可连续工作 16 小时，可供机械、电子、航空、仪表和轻工等部门工业化应用。这种激光加工机可以切割最硬的人造金刚石材料，焊接熔点高达 3300℃以上的钨铼金属，能将不同材料焊接在一块。

斩除病魔的神刀

在医院的手术室里，在无影灯的光照下，医生和护士们正围在手术台旁紧张地工作：主刀的医师聚精会神地给病人施行手术，旁边的助手及时准确地把大大小小的刀子、镊子、剪子、钳子等手术器械递过去，其他的助手仔细观测着病人的呼吸、血压、心律……一小时过去了，两小时过去了……主刀的医师的额头冒出了汗珠，助手赶忙替他擦试，擦去了又冒出来，冒出来又擦去……一次大手术，要好几个小时，医生体力消耗很大，患者的身体也不可避免地受到损害。

如果像神话故事里讲的那样，能够凭借“神力”来解除病人的病痛，那该多好啊！如今，激光技术为现代医学提供了一种“神力”，能够治疗内科、外科、眼科、皮肤、肿瘤和耳鼻喉科的 100 多种疾病。

激光已成为有益于人类的幸福之光、生命之光。

早在20世纪60年代，激光一问世，人们就发现激光高亮度、高定向性、能量集中、波长可选的特点，可以利用来发展以激光为基础的崭新的医疗和诊断手段。人们最早把激光用于眼科疾病的治疗，取得了成功。到80年代，氦氖激光器、二氧化碳激光器和钇铝石榴石激光器已普遍应用于皮肤科、理疗科、针灸科、眼科、妇科、外科、口腔科，临床应用范围日益广泛。1981年11月，在日本召开的国际第四届激光外科会议上，世界卫生组织正式宣布激光医学为一门新学科。

目前，我国已有几百个单位开展了激光医学研究和激光临床治疗。激光治疗的方式包括激光手术、辐照、烧灼、汽化及针灸等。与普通常见的治疗方法相比，激光治疗的主要特点是疗程短，疗效快，基本上没有痛苦，在许多情况下不需要麻醉，很少出血甚至不出血，无细菌感染，等等。你瞧，激光不是确实有一些“神力”吗？

激光束可以用作外科手术的“手术刀”，即光刀。激光器发射出来的激光，通过自由弯曲的玻璃纤维或塑料纤维传输，在纤维端部透镜的作用下，变成直径只有万分之几微米的光束，成为锋利而精巧的光刀。这种光刀，不仅可以切断大块的组织，而且精巧到可以切断一个小小的细胞。外科医生可以利用这把“利刃”施行手术。光刀已在普外科、胸外科、神经科、烧伤科和泌尿科得到广泛临床应用。光刀有很大的优越性。首先，光刀可以有选择性地定量切除坏死组织和痂，切口边缘平整，外围正常组织损伤少，特别适宜对五官、心脏这样一些操作困难的部位进行不接触的“雕切”。其次，激光对有机体有热凝固作用，可以用于小动脉和小静脉的止血，这对于那些贫血、血凝固性差、易出血的患者进行手术是很有利的。再次，光刀本身就有高温杀菌的作用，器械同切除区不接触，因而大大减少了手术后的感染。此外，借助于光纤内窥镜和手术显微镜等医用仪器，可以用光刀在不

开胸腹的情况下实施手术，如进行膀胱结石手术。

激光束也可以用来作眼科的精巧细致的手术，成为眼科手术中极其重要的“利器”。我们知道，眼睛是人的一个极为重要的器官。战士说“爱护武器像爱护自己的眼睛一样”，青年人说“爱惜朋友间的友谊像爱惜自己的眼睛一样”，等等，可见眼睛在人的心目中占有多么重要的位置。眼睛对于人，确确实实重要，在眼、耳、鼻、舌、身5种器官中，眼睛是人的“窗口”，外界信息约有60％是通过视觉而获得的，其余40％才是通过听觉、嗅觉、味觉、感觉等来获取。没有眼睛，就看不见外界物体的颜色、形态以及运动情况。因此，眼科疾病的治疗就极为重要了。激光，给眼科疾病的治疗开创了一个新时代。你瞧——

在北京协和医院的眼科治疗室里，一位患后发性白内障的盲人端坐在亚格激光机前。张教授轻伏在激光镜上，对准焦距，“啪！啪！”几声轻响，盲人那布满白内障的瞳仁上，顿时出现了孔洞。看不见的奇异的红外激光，瞬间就完成了手术的全过程。“看见了！看见了！”盲人高兴地惊呼，一下子抓住张教授的手，干瘪的眼眶滚出了热泪。迄今，北京协和医院采用亚格激光和氩激光技术已使数千盲人重见光明，激光治疗已达到世界先进水平。

激光束用于眼科手术，患者丝毫没有痛苦感，而且，因为激光手术在极短的时间里就能够完成，大大减少了由于患者眼球在手术时不自觉地转动而造成的医疗事故。在眼科手术中，已成功地利用激光束作为凝结剂对剥落的视网膜进行“焊接”。我们知道，人的眼睛好比一架照相机，眼睛前部有个凸透镜形状的晶状体，相当于照相机前部的镜头；眼睛后边有视网膜，相当于照相机后边的感光胶片。外界景物发出的光线穿过眼睛前面的透明角膜而进入眼球，经晶状体形成一个倒立缩小的实像，如图3－1那样，对于正常眼睛来说，实像正好形成

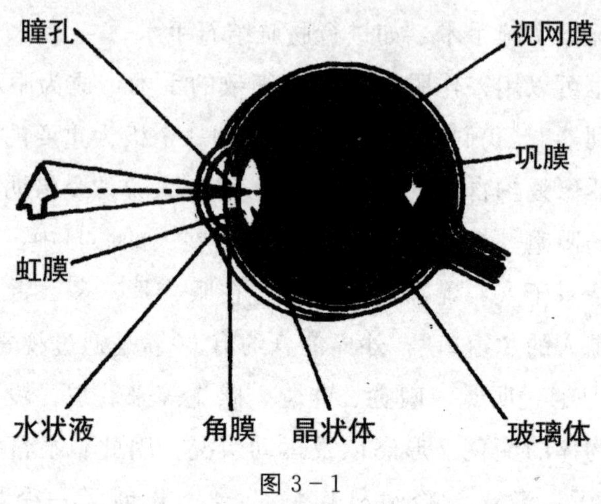

图 3－1

在后边的视网膜上。视网膜上的视神经细胞把明暗、色彩等感受报告给“总指挥部”——大脑。这样，人就看到了景物。但是，视网膜和眼球结合不太牢固，由于高度近视、眼内炎症、眼内肿瘤和外伤等多种原因，常造成视网膜从色素上皮层剥离开来，患者视力减退，甚至失明。过去，治疗视网膜剥离需要开刀，采取电凝封闭网膜破孔，或者采用氙灯或阳光作光源，进行光凝固治疗，手术麻烦，病人痛苦，手术后还要卧床半个月。现在，利用激光“焊接”视网膜，激光束聚焦成极小的光锥，“焊点”只有针尖那么大，很容易“焊接”关键部位，在几千分之一秒的瞬间就可以把脱落的视网膜接好，患者几乎没有痛感。临床实践证明，利用激光治疗眼科疾患，大多数患者都能恢复视力。利用激光束还可以治疗角膜血管新生和感染、虹膜肿瘤、糖尿病性视网膜病，进行角膜移植、虹膜切除，给眼角打孔治疗青光眼，给水晶体打孔治疗白内障等。目前，已有一些较好的眼科激光治疗装置和器械，利用激光进行眼科临床手术，越来越多的眼疾患者依靠激光手术恢复了健康，重见光明。

激光在医学上的应用，最引人注目的恐怕要数对肿瘤的探查和治

疗了。例如，采取激光透照法，用氩或氦氖激光器产生的激光透照软组织来查明是不是肿瘤；采取激光荧光法，通过口服或静脉注射把荧光素钠盐引入体内，采用紫外激光照射即可发现癌细胞发出深黄荧光；采取激光全息法，借助于全息图再现来探查内脏癌；采取激光筛选法，利用电子计算机对激光全息图进行图像识别，从大量的细胞图像中筛选出具有恶性特征或可疑的恶性细胞来。在激光治疗恶性肿瘤方面，已经取得了良好的成果。采用二氧化碳连续式激光器治疗皮肤和皮下层移位恶性肿瘤，对于肿瘤移位的直径在 1 厘米以下的，激光可使之凝固性坏死、炭化或汽化。光刀也是治疗癌肿的良好器具。由于激光能随时封闭小血管和淋巴通道，因此利用较大功率的激光器光束切除恶性肿瘤，有利于防止肿瘤细胞的扩散，减少肿瘤转移。激光将在征服威胁人类生命的癌肿上发出更加奇异的光彩。

精确无比的光尺

在工业生产和日常生活中，在商业贸易、科学研究及国防事业的各个领域，到处都会碰到长度计量问题。在卡盘飞转的车床前，工人们手握卡尺认真地检测工件；在热火朝天的农田工地上，农民们拉开皮尺仔细地测量渠坝；在商店柜台旁，售货员挥动直尺热情地为顾客选量布料；在静悄悄的设计室里，工程师们拿着比例尺精心地量绘图纸……这些尺子——卡尺、皮尺、直尺、比例尺是生产和生活中计量长度的标准工具。可是，怎样保证这些尺子的精确度呢？显然，要保证这些尺子精确无误，必须有一把最精确的尺子作为基准。什么尺子最精确呢？换句话说，制造和检验这些尺子的基准“尺子”是什么呢？

为了长度计量单位统一，1875 年 3 月 1 日在法国巴黎召开了米制外交大会，在5月20日大会的最后一次会议上，20个国家共同签订了闻名的“米制公约”。当时规定通过巴黎的地球子午线的四千万分之一为1米，改变了以往国际上长度单位的混乱局面。不久，人们发现上述米的规定不能满足工业发展的要求，于是，1889年第一届国际计量大会通过了一项米尺协议，决定采用一根X型截面的铂铱合金米尺，用这根米尺上的两条刻线间的距离作为1米的定义值。这根米尺称为国际米原器，精心地保存在法国巴黎国际计量局的特殊环境里，以避免发生热胀冷缩和各种物理化学变化。各国的国定米尺和其他计量机构的精密线纹尺，都以国际米原器为基准，定期同它比较以判断和保证精确度。

国际米原器的相对精度为千万分之一左右，即1米的测量精度为0.1微米左右。到了20世纪中叶，这个精度显得不够用了，不仅影响了自然科学的发展，也不能满足机械制造，特别是精密机械制造等行业的要求。此外，随着对微观世界认识的不断深入，人们发现铂铱合金国际米原器保存得不管怎么好，随着时间的推移，由于物质内部结构在变化，它还是在慢慢地发生微小的变形，国际米原器上两条基准刻线间的距离慢慢地在改变，因而不能保证国际米原器所规定的精确度。

怎样才能保证长度基准单位永久不变呢？

长期以来，科学家们一直在寻找一种自然存在的基准，取代人为的长度基准。1905年，爱因斯坦利用量子理论，成功地解释了光电效应和光的本性，确定了频率与能量之间的关系。于是，有些物理学家提出了用原子辐射的波长作为检定米基准的建议。各国科学家做了许多用光波波长确定米的定义的研究工作，为取得理想的同位素单色光辐射光源的问题进行了大量的实验，证明可采用的单色光源有镉114红谱线、汞198绿谱线、氪86红绿谱线和橙黄谱线。从谱线的宽度、

对称性和受干扰等方面特性来看，以氪 86 同位素原子辐射出的橙黄谱线波长值最理想。1960 年 10 月 14 日，在第 11 届国际计量大会上规定了米的新定义，即 1 米的长度等于氪 86 原子的 $2P_{10}$ 和 $5d_5$ 能级间跃迁的辐射在真空中波长的 1650763.73 倍。从此，延用了 71 年的米原器退休，光子尺登上了现代国际计量标准的舞台。

氪 86 是一种质量数为 86 的气体元素氪。将氪 86 这种元素装在一种灯管里，在特定的条件下，通电后就会发出光来。对这种光进行光谱分析，可以看到一段橙黄谱线。这种光的波长很稳定，所以，用它作为长度的基准，比任何尺子都更精确。用这种光波波长基准来检测一根尺子是否精确，也就是说，将一根尺同氪 86 光波波长进行比较，还需要有一套专用设备，这套设备叫做“光电光波自动比长仪”。以氪 86 光波波长为基准，利用光电光波自动比长仪检测米尺，精度很高，1 米误差只有一千万分之一。

用氪 86 光波波长作基准进行比较测量，精度虽然很高，然而却有一定的限度，就是它一次可以测量的最大长度只有几百毫米。这是因为用光波波长作基准进行比较测量是靠光的干涉，而氪 86 光波的干涉程长度不到 800 毫米。这样，就不能用光的干涉方法来直接测量 1 米以上的长度。而且，氪 86 光源强度低，观察和记录干涉条纹既费时又费力，因此，这种方法的应用受到限制。

激光技术的发展，使以光波作为基准的比较测量获得了新生。激光的单色性好，方向性好，相干性好，光强度大，因此，激光是精密测量的理想光源。例如，从氦氖激光器发射出来的激光，相干长度理论上可达 300 公里，在大气中 200 米距离内能清楚地看到稳定的干涉条纹，再现性比氪 86 高 1000 倍。因此，激光干涉仪使直接精确测量大尺寸能够实现，为精密计量技术提供了最有效的方法。这样，以激光光波作为基准和普遍应用激光干涉测量长度的时代已经到来。

1983年10月20日，在法国巴黎举行的第17届国际计量大会上，正式通过了米的新定义：1米的长度等于光在真空中在1/299792458秒的时间间隔内运行的距离。国际计量大会在通过米的新定义的同时，推荐了5种稳频激光器作为执行新的米定义的参考标准，其中有一种稳频激光器是我国计量科技工作者研制的。

米的新定义的特点是，把真空中的光速值作为一个固定不变的基本物理量。早在20世纪60年代末，科学家们用触须二极管成功地测量了甲烷稳频3.39微米氦氖激光器输出频率的绝对值和波长的绝对值，经过国际间平均与核对，得到真空中的光速值为299792458米/秒。光速值不再是物理学中一个可测量的量，而是一个换算用的常数，长度测量可通过时间或频率测量得出，因而使长度单位和时间单位结合起来。

我国设计制造的高精度激光光波自动比长仪，用来检定米标准，一按电钮，几分钟就测定完毕，数据由电子计算机进行计算，并且自动打印出来，达到了国际先进水平。它的测量精度很高，1米误差只有一万分之二毫米，这就是说，只有一根头发丝直径的三百五十分之一！

几十年来，激光在计量科学和检测技术中得到了卓有成效的应用。除了上面讲的导致了计量基准的新定义，还开发了一大批新型计量测试仪器。就拿长度计量来说吧，在工业生产和科学研究中，常常要精确测定较短的长度，例如想测定几个厘米的长度，而且对测量精度要求十分高，通常是借助一种长方体的金属量块来完成。这种量块是长度精密测量的重要基准量具，被誉为“量具之王”。可是，这个“王”也得有个“王法”，要以“米基准”为最高基准，因而必须进行检定。过去，国内外检定最高精度量块，大多采用20世纪30年代德国的柯氏干涉仪或在此基础上经过改进的仪器，依靠目视测量，检定

效率低，劳动强度大，不适应现代工业生产和科学研究的需要。70年代末，我国自行设计研制成功了第一台激光量块干涉仪，成功地将激光应用于精密计量，采用一系列先进技术和光学元件，并配备专用电子计算机，比柯氏干涉仪效率高10多倍，测量精度极高，误差只相当于一根头发丝直径的二千分之一。

目前，激光已广泛应用于长度、角度、线径、振动、重力、转速、速度、硬度及其他物理量和工程计量测试领域。激光计量和检测，除了测量精度高，还有其他许多优点。比如，它是以光波获取信息，不接触、不影响被测量对象和现场；它是以光速传播，测量速度极快；它可以作远距离遥测，能够用在人不适宜接近的高温、危险的场所，以及人造卫星测距；它可以同时进行多维测量，没有干扰，也不存在电磁干扰。这些特点，使激光不仅推动着作为现代科技基础的计量测试技术的飞跃，而且在高科技领域里也发挥着特殊的作用。

名副其实千里眼

在“伸手不见五指”的夜里，战士怎样侦察敌方军事目标和瞄准目标进行射击呢？用手电筒或探照灯照射，显然是不行的，因为那样会被敌人发现。在军事上，为了不让敌人觉察到，不便采用可见光，而是利用不可见的红外线，使用一种能够接收红外线的夜视仪，观察和瞄准敌方的军事目标。

物体只要具有一定的温度，都无例外地向外界辐射各种波长的电磁波——红外线。可是，人眼睛的视网膜只对0.39～0.76微米这一狭窄的可见光波段敏感，而红外线的波段是处于可见光和毫米波（0.76～1000微米）之间。现有的摄像器件、照相器材的工作波长范围也都在可见光区域或1.3微米以内的狭窄的近红外区域，对3微米以上的红外波段完全不敏感，因而也就不能成像。为了解决这一问题，人们采取“光机扫描”的方式，通过光学系统把目标在每个瞬间的红外辐射都投射到红外探测器上，而探测器再依次把它们转变成强弱不同的电信号。电信号的强弱变化正好对应于目标辐射强弱的变化。这种信号经过适当的电子学处理后，由显示器显示出目标的热像图。这种仪器的名字叫做“红外前视装置”。它可以装在无人驾驶飞机上，对战地进行战术侦察；也可以装在战车、舰船上，作为夜视仪进行实地观察；此外，只有几公斤重的小型红外前视装置，可以作为步兵手提式夜视仪。

夜视仪能够在黑夜里接收来自物体的红外线，形成清晰可见的图像，供战士观察目标或射击瞄准。但许多物体或战地目标不产生热，因而没有红外线辐射，或红外线辐射极其微弱，这样一来，夜视仪对这些目标就成了“夜盲”。激光是治“夜盲”的神医。人们给夜视仪配备了红外激光器。这种激光器能够发射红外波段的激光束，红外激光束照射到目标物体上反射回来，被夜视仪接收并形成图像，为夜间活动提供了方便。在飞机或战车上，给红外夜视仪加装电视设备，形成清晰明亮的图像，甚至可以达到同白天直接观察和瞄准物体同样的效果。

将激光对准目标发射出去以后，又反射回来，如果测定出从发出光信号到接收到反射光信号之间的时间 t，则从发出光信号地点到目标或从目标返回到发出光信号地点所用的时间为 t/2，已经知道光的传播速度 C 约为30万千米/秒，这样便可以测出两地距离 d：

$$d=\frac{1}{2}Ct$$

这是激光测距仪的基本原理。激光具有高单色性、高方向性和高

功率的特点，对于测定长远的距离、判定目标的方位、提高测量的精度是非常有利的，是激光测距仪的理想光源。例如，卫星激光测距，通过观测站将超短脉冲激光发射到卫星上，并测定出往返时间，便得到观测站至卫星之间的精确距离，其相对精度可达到亿分之一。卫星激光测距对解决地球物理问题、地球模型科学测定、导弹发射和航天技术的发展发挥着重要作用。我国武汉卫星激光测距站的卫星观测质量已跨进国际先进行列，同美国宇航局地球动力学组织的全球 30 多个激光跟踪站建立了联网，卫星激光测距技术不断取得新的进展。

激光测距仪的种类很多，不仅有卫星激光测距仪，还有炮兵激光测距仪、坦克激光测距仪、空一地激光测距仪。

除了激光测距仪，人们还研制出从空中测量地面情况的激光测高仪，可以测定地面地形变化和海面海浪起伏。例如，在飞机上利用激光测高仪，可以辨别出地面上的凸洼不平和路边壕沟，探测出树木草丛或冰雪覆盖的地面起伏。

激光测距仪经过改进，又出现了激光雷达。它不但能够测定目标的距离，还可以测出目标的方位、目标运动的速度和加速度。雷达又叫做无线电定位仪，激光雷达就是一种性能极好的激光定位仪。激光雷达比无线电雷达更优越，它体积较小，重量较轻，抗干扰性能和保密性能好，测量精度也比较高。激光雷达广泛应用于军事、天文、气象、大地测量、人造卫星和宇宙航行等领域。

激光雷达既然具有能够精确指出目标的方位、距离和运动状态的高强本领，那么，要是把它装在炸弹、导弹上，那炸弹、导弹岂不是长了“眼睛”？轰炸机在高空投弹，如果有云层遮蔽，投弹命中率是很低的。如果在飞机上加装激光指示器，发出一种特定波长的激光束照射军事目标，或者由地面侦察人员用激光指示器发出一种特定波长的激光束照射目标，目标便会反射激光。由于炸弹或导弹上装有激光雷达那样的“激光寻的器”，能够接收这种由目标反射回来的特定波长的激光，使炸弹或导弹在自身控制系统的作用下，自己寻找目标，向着反射激光束的方向偏转，于是，炸弹或导弹就像有眼睛一样，直奔它认准的目标而去，直到击中那个目标。这种利用激光控制和引导炸弹或导弹的激光应用叫做激光制导。激光制导炸弹和激光制导导弹几乎是百发百中。激光制导导弹包括地对地、地对空、空对空各种战术导弹，成为攻击敌方设施、飞机和导弹的有力武器。

激光雷达除了用在军事方面，还可以用于探测大气及其污染情况。

激光测距仪和激光雷达受大气的影响较大。怎么会受大气的影响呢？让我们来看一下生活中的实例吧。在清洁的室内，只见家具和物品被阳光照亮，却不见阳光穿过室内空间；在打扫房间时，灰尘飞起，就看见从玻璃窗射进室内的阳光，一缕一缕地穿过室内空间。在黑夜里，打开手电筒向远处照去，可以看见一缕直溜溜的光柱，那也是因为空气中有许多灰尘或者雾珠，不然的话，空气十分洁净，也是看不见光柱的。这是为什么呢？原来，光照在微小的灰尘颗粒上，就会向各个方向无规则地反射，光学上称为散射现象。正是由于散射现象的存在，让我们看到了光的直线传播。但是，由于散射，光的能量在传输过程中会不断损失，因而传输的距离大大缩短。光的散射损失与光的波长的长短有关，光的波长越短，散射越厉害，光能损失也就越严重。激光的波长与大气中浮游的灰尘颗粒的长短差不多，比雷达用的微波或毫米波短 1000 倍到 100000 倍，因此，激光在大气中的散射要比雷达在大气中的散射严重得多。这对长距离测量来说，是很不利的。这是激光测距仪和激光雷达的缺点。

然而，激光雷达受大气影响的缺点，对探测大气及它的污染情况来说，又是优点。科学家们研制成专用的激光雷达，它能够把激光束发射到高空大气层中去，并接收高空浮游的微粒反射回来的激光束。

激光的反射强度是与浮游微粒的密度成比例的，因而可以根据反射强度来测定高空的浮游微粒的分布情况，进而研究大气的构成情况，包括测定高空风速、风向等气象数据。这种用于探测大气的专用激光雷达，就起名叫激光气象探测仪。

如果大气被污染了，大气中的浮游微粒的成分和分布等情况都会发生变化，利用激光雷达可以进行监测和分析。从前，对城市和工矿地区大气污染情况，一般都是采用化学测定法来测定，从取样到化学处理，花费劳力和时间很多，由于所选的点的数量有限，加上所选的点都是在地面附近，因而得到的数据是很有限的，更谈不上对大气污染动向的掌握了。因此，影响了对大气污染的准确预报，也不能及时采取防治措施。激光雷达观测大气污染，可以将激光雷达装置安装在汽车上，随时随地进行大气污染监测，不仅可以测定地面附近的大气情况，也可测定高空大气情况，并能观测大气的扩散和湍流，数据经电子计算机处理，得出准确可靠的大气污染预报。

五谷丰登也靠它

人类要生存，第一需要是粮食。多少世纪以来，人们千方百计地改善农作物的品种，提高五谷的产量。

俗话说：种瓜得瓜，种豆得豆。播下什么种子，就会有什么收获。种子低劣，绝不会有好成果。过去，农民种田，夏收或秋收时留些稻谷，作为明年用的种子；明年夏收或秋收时留些稻谷，作为后年用的种子。年复一年，种子在退化，打下的粮食产量和质量都很低。如今，人们都重视优良品种的培育，采用良种是提高产量、改进品质的极有效和极经济的途径。例如，墨西哥曾经是一个粮食进口国，由于培育成功矮秆高产墨西哥小麦，增产 5 倍以上，一跃成为粮食出口国。近些年来，在农作物品种改良和新品种培育方面，人们利用激光处理种子，收到了明显的增产效果。辽宁、四川、广东等地分别对大豆、油菜、小麦、水稻进行育种处理，产量提高 10％～30％。人们通过对激光育种的生物学研究，发现在特定激光辐照作用下，产生光物理、光化学和光生物学效应，就会出现“染色体”变异，于是导致遗传性状的改变，而产生出新的品种。人们还用激光适当地照射蚕豆、玉米、萝卜、黄瓜和西红柿的种子，加速种子发芽，提高种子出芽率，促进农作物生长，使农作物早熟、抗病、增产。

农作物、蔬菜和果树是一座座制造有机物的“绿色工厂”。“厂房”是叶绿体，动力是光，原料是二氧化碳和水，产物是有机物和氧气。

从小学升入初中，一入中学大门，便接触了一门十分有趣的新学科《植物学》。它告诉我们：绿色植物通过叶绿体，利用光能，把二氧化碳和水合成储藏能量的有机物（主要是淀粉），并且释放出氧气，这个过程叫做光合作用。光合作用的实质包含了两个方面的变化：一方面，把简单的无机物制成复杂的有机物，并且释放出氧气，这是光合作用的物质转化过程；另一方面，利用光能，在把无机物制成有机物的同时，把光能转变为储藏在有机物里的能量，这是光合作用的能量转化过程。

绿色植物通过光合作用制成的有机物，不仅供给植物本身的需要，而且是人类和其他生物的食物来源。许多工业原料如棉、麻、糖、橡胶，也是直接地或间接地来自光合作用。人类普遍利用的能源如柴草、煤炭、石油、天然气，也都是现在或过去的植物通过光合作用而储藏的光能，也就是说，光合作用是人类所用能源的主要来源。所有的生物都必须进行呼吸，呼吸要消耗氧气，产生二氧化碳；燃料的燃烧也要消耗氧气，产生二氧化碳。然而，大气里的氧气和二氧化碳的

含量比较稳定，这主要是绿色植物进行光合作用时吸收二氧化碳而放出氧气的结果。一句话，“绿色工厂”的光合作用是地球上一切生命生存、繁荣和发展的根本源泉。

光是“绿色工厂”里进行光合作用的原动力。叶绿体利用光能，把二氧化碳和水合成淀粉，同时，把光能经过转变储藏在淀粉里。农作物产量的高低、农产品的质地优劣，与光合作用中制造有机物的多少和制成有机物含有的能量有直接关系。因此，有效地利用光，才能有农业的优质高产。

由于这个缘故，人们利用不同波长、不同剂量的激光进行试验，深入研究绿色植物光合作用的基本机理，深入研究从发芽直到成熟结籽的基本过程。人们采取适当波长和适当剂量的激光照射正在生长的农作物，促进农作物的光合作用，从而提高农作物的产量和品质。例如，用激光照射黄瓜秧和西红柿秧，秧子上的花数和果数都有所增加，产量得到提高，果实里的糖分和维生素含量增加，品质显著改善。

此外，人们还利用激光研究农作物病虫害的防治。农民们世世代代因为庄稼被病虫害所毁，不知流了多少泪；为了消灭农作物的病虫害，也不知想出了多少办法！人们不断研究各种病虫害的发生发展规律和防治办法，如今，激光成为人们捕杀害虫和消灭病虫害的得力助手。有一句谚语说：“飞蛾扑火，自取灭亡。”人们利用适当的激光诱捕害虫，使害虫落入陷阱。激光不但能治虫害，还能治草害。杂草与禾苗争肥料，甚至长得高过禾苗，排挤禾苗，与禾苗争阳光。人们利用激光向杂草开刀，除掉杂草，为禾苗出气，为禾苗助长。采用激光灭虫除草方法，比采取化学灭虫除草优越，避免了化学药物对大气、水源和土地的污染，而且不污染粮食、蔬菜和水果。激光是一种高效而清洁的灭虫除草方法。

激光在农副产品的储藏和保鲜方面，在对农作物收获进行预报和估产及其他方面，都有用武之地。激光在实现科学种田和农业现代化方面，将发挥越来越大的作用。

四、灵通的光纤

人类的文明，社会的发展，离不开通信。电通信是当今社会的神经，传递着各种各样的信息。但是，现代生产、科学和军事的发展，却引来了通信空间的拥挤吵闹。多亏激光来得及时，开拓出更为广阔的光通信领域……

现代社会的信使

人类积累了数千年生产斗争和科学实验的知识财富，到 18 世纪、19 世纪，科学技术已经有了相当的进步。19 世纪 30 年代发明了电报，19 世纪 70 年代发明了电话。那时候，电报和电话都是利用金属导线传输的，因此，19 世纪称为有线电通信时代。19 世纪末，出现了无线电通信技术。1901 年，人们利用无线电波实现了从欧洲到美洲横跨大西洋的电报通信。20 世纪 20 年代，开始采用长波和中波进行无线电广播，30 年代出现了电视。20 世纪 30 年代，短波通信得到广泛发展。在第二次世界大战期间，雷达的出现，使超短波和微波技术迅速发展。

战后，微波通信逐步发展起来。不久，无线电通信技术又进入了毫米波阶段和微米波阶段。

从上述情况可以看出，无线电波通信从几千米的长波，到中波、短波、超短波、微波，进入到毫米波、微米波，再发展向何处去呢?电波通信似乎已经走到“山穷水尽”的境地，然而，现代的生产、科研、军事和社会的发展，又“步步紧逼”，对通信技术不断提出新的更高的要求……

于是，人们想到了光波，决定请光波前来“救驾”——发展光通信。所谓光通信，就是利用光波作为信息的载体来传送信息。

早在2000多年前，我们的祖先就已经利用光来传送信息了。万里长城是为了防御异族入侵而建筑起来的，在长城上每隔5公里左右有一座烽火台。当异族来犯时，白天就在烽火台上点起狼烟，夜间则在烽火台上燃起火光，发出敌人入侵的警报，一台接一台地将烟火点燃起来、传开去。

在战场上，也可以见到光通信的实例。例如，夜间用手电筒光打信号，利用红绿信号弹联络和指挥战斗。

在大海上，舰艇之间或轮船之间也常采用光通信。例如，彼此打旗语，实际上就是利用光进行通信联系，而采取灯光信号来“对话”，那就更算是光通信了。

在飞机场，在列车调车场和车站，在城市里的路口处，红、黄、绿、蓝、紫等各色信号灯的变换，是航行和交通的通用语言通信。

上述种种，都是比较简单的光通信方式，传送的信息内容是很有限的。

激光的出现，使光通信进入了一个崭新的时代。光通信，从光在发送端与接收端之间的传输方式来看，可以分为大气光通信和纤维光通信。

大气光通信是将光信号从发送端直接通过大气空间传送到接收端。采用这种方式通信，和无线电通信相似，不需要敷设线路，经济而方便。激光的能量集中，发散角很小，传送几十千米后，光斑直径仅扩大10厘米左右。在此光斑之外收不到光信号，因此保密性很好。但是，光通过大气时会受到大气吸收和散射等影响，能量损失很大，因而通信距离受到了限制。为了解决这一问题，人们选用受大气影响小的激光进行光通信，尽管如此，仍不能得到满意的效果。在一般情况下，大气光通信的距离仅可达到十几千米，最多可达到几十千米。当遇到特别大的雨、雪、雾时，光通信将因信号受到严重的衰减而不得不中断。雾的影响最严重，特大雾能使光每千米衰减200分贝，即光信号发射功率经过1千米后被衰减到一万亿亿分之一，这样一来，发射功率1兆瓦，通过1千米大雾后，仅剩下0.00000001微瓦了。因此，在特大雾时，通信距离只有500米。此外，气温变化和大气湍流使空气折射率发生变化，能引起光束抖动，也会严重影响光通信。空间出现的拦截物，如飞鸟、飞机等遮拦光束，也会使光通信中断。总的来看，大气光通信的使用范围有限，仅对于近距离的机动、保密性专用通信具有一定的实用价值。

纤维光通信和大气光通信不同，纤维光通信是将发射端的光信号通过光学纤维传输而送到接收端的，因而避免了大气的影响。采用激光光波作为信号的载波，“携带”着信息，通过光学纤维传输，这样的通信方式，通信容量非常大，可同时传送上百亿话路或上千万套电视节目，而且还不怕窃听，不受干扰，不需要有色金属导线，这些都是无线电通信所不可能有的优点。这样的光通信多好啊！

纤维光通信，通常称为“光纤通信”。从上述可以看出，光纤通信必须具备两个基本条件：第一，要使光信号能够从发送端传送到接收端，必须有良好的传送光的“导线”，这种“导线”叫做光学纤维或光导纤维。二是，要在发送端将声音或图像变成光信号，在接收端又将光信号变成声音或图像，必须有声—光或光—声的变换设备，以及传送光信号的中继设备，这些设备叫做集成光路。

光导纤维是怎样传输光的，又是怎样传送图像的？集成光路是一种什么器件，它有什么功能和作用？光纤通信有哪些长处，它的应用前景怎么样？下面一一详细介绍。

光在“导线”中流过

光，能像电那样，在导线中流过吗？能。这种传光的“导线”，是一种内芯透明、外带包层的光导管。这种传光的“导线”，像电线有单芯的和多股的一样，也有单芯的和多芯复合的。由于它直径很小，只有几微米到几十微米，比头发丝还细，所以称之为光学纤维或光导纤维。

光导纤维为什么能够传输光呢？

我们先来看看日常生活中的情景吧。黑夜，当我们打开手电筒，一束光就照射到对面的物体上，因为光是直线传播的。如果要改变光的传播方向，可以在光束前进的路上放置一面反光的镜子。提到镜子，我们都不陌生，面对着镜子，可以看到身后的东西，这是因为光的反射的缘故。这些实例，都是普通光学系统传输光束和图像的原理。

同日常生活中的种种情景类似，光导纤维就是使光线在纤维丝内部多次反射而传输光的一种光学元件。

英国物理学家丁达尔曾做过一个有趣的实验，如图 4－1 那样。在暗室里放置一个容器，底部侧面开有一个小口，水从小口自由地流出来。在对面用一平行光束照射正在流出来的水。这时，看到一种奇妙

的现象：直线前进的光，竟然顺从地沿着水流传播了。但是，光的传播方式并没有改变，仍是直线传播的，只不过由于光线在前进的路上多次碰“壁”——水流和空气的分界面，不得不调过头来——反射的结果。这样，经过多次完全内反射，光沿着弯曲的路径不断前进，最终随着水流而出。当然，也会有一部分光“掉队”的，这是由于界面上水中杂物和气泡使光发生散射而“遗漏”，也正是因为这个缘故，水流看起来是闪亮亮的。

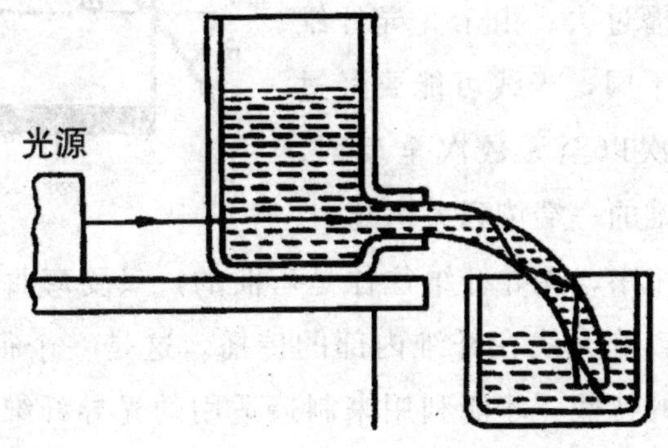

图 4－1

光导纤维就是这样构成的。

我们来看看包层式光导纤维吧。这种光导纤维，通常是由玻璃纤维芯和玻璃包皮构成，芯的折射率比包皮的折射率略大些。芯和包皮之间有较好的光学接触，形成良好的光学界面。光导纤维的芯的直径为 50～70 微米，而芯和皮的总直径为 100～200 微米。光导纤维外面通常加有护套，带护套的光导纤维的直径也只有 1 毫米。

光在光导纤维中是怎样“流过”的呢？

如果光导纤维是直的，光线从垂直于纤维的端面入射，进入纤维以后，与纤维轴心线平行或重合，这时光线可以穿过纤维芯部，沿着直线方向向前传播，如图 4－2。光线若以某一角度射到纤维的端面上，经过折射而进入纤维里面，在纤维内继续前进，又射到纤维芯与包皮之间的光滑界面上。如果入射角度选得适当，光线就会在界面上发生完全内反射，于是，就像丁达尔实验那样，如图4－3，光线将在纤维芯和包层的界面上不断地发生完全内反射，就这样向前传播过去。由于光导纤维的长度和直径不同，光线可能要经过几千次、几万次以至无数次全反射，才能从光导纤维的一端传到另一端。

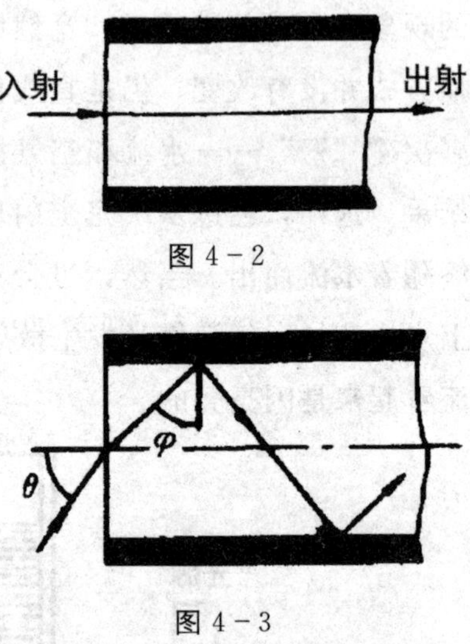

图4－2

图4－3

在实际应用中，光导纤维往往是弯曲的，只要弯曲程度在允许范围内，就不会影响光线在纤维内部的传播。这是一个很可贵的特性，正因为有这样的特性，才能利用来制造适用的光导纤维和光缆，引导激光转弯传输或辐射。

在光导纤维的家族中，除了上面说的包层式光导纤维，还有其他几种：（1）自聚焦式光导纤维，利用光的聚焦性质制成的，纤维内部各处折射率不同，使光在里面传播方向发生变化；（2）液芯光导纤维，通常用石英毛细管作外套管，里面充入液体作为芯，就像普通光学传光原理一样；（3）单材料光导纤维，用激光传播损耗最低的单一材料制成，例如采用熔融石英，芯可以是圆形、方形或其他形状，用一条薄条板架空在套管内，芯、板与套管是同一种材料制成的；（4）塑料光导纤维，用一种高度透明的聚合物塑料制造，柔软性特别好。

一束光从光导纤维的一端射入而从另一端射出，在纤维内传播的过程中，光能将受到损耗，也就是说，光的强度会降低。光能损耗的原因是什么呢？主要是因为：（1）纤维材料吸收，这是由于制造光导

纤维的材料吸收光能并转换为热能而散失掉所造成的。(2) 纤维材料散射，这是由于光在纤维中传播遇到材料的不均匀或不连续，有一部分光被散射掉。(3) 光导纤维不规则，光导纤维尺寸沿长度发生变化而造成的。(4) 纤维的包层损失，即光在光导纤维中传播时，一部分光穿透纤维芯和包层之间的界面而进入包皮里去，甚至会穿出包皮而散射到空间去。这在多根纤维汇集在一起而组成的光缆中造成纤维与纤维之间发生串光，对于光纤通信来说就会引起串话。(5) 纤维弯曲损耗，光导纤维柔软可弯，这对传光是极为有利的，但纤维弯曲却会使光传播路径改变，因而渗透到包皮或包皮之外去，造成泄漏损失。

光导纤维传输光不可避免地要有光能损耗，如果采用普通光源发出的光，那么传不了多远，光能就损耗尽了。只有采用强大的激光，才能利用光导纤维传输光信号，实现光纤通信。

光能损耗的大小与所采用的光的波长有关系。光的波长，取决于光源。因此，在使用时，人们选用波长处于光导纤维低损耗区的光源。例如：一般光导纤维的低损耗区的波长范围，在 0.65～0.73 微米波段，可选用氦氖激光器；在 0.75～0.85 微米波段，可选用 Nd：YAG 激光器。

纤纤细丝传图像

光导纤维不但能够传输光，还能够传送图像。那么，光导纤维又是怎样传送图像的呢?

把一定数量的单根纤维合在一起，就构成了多芯的光导纤维束，或叫做光缆。在光导纤维束中，每根光导纤维之间有良好的光学绝缘，也就是说，每根光导纤维都独立传光，而不会发生光“串门”——从一根纤维串入另一根纤维的现象，并且，光导纤维束的两端都一一对应地相关排列，这样就构成了传像的光导纤维束。

当来自图像的光束入射在传像光导纤维束的端面上时，光导纤维束就按自己的排列规律，把图像的光束分成一个一个像元，数目和光导纤维束中的纤维根数相等。这正像大型团体操表演时，在主席台对面的看台上，巨幅的背景画面被分割成许多小块，由每一个人手中的一块一块的图形拼起来的那样。其中，每一小块图形，就是一个“像元”。从这里可以看出，光导纤维束的每一根光导纤维的入射端面就像一个取像孔，将图像的一个像元“摄取”来；每一根光导纤维都独立地“携带”一个像元，由入射端传送到出射端。换句话说，传像纤维束把入射端的图像分成一个一个像点，传到出射端之后，又由一个一个像点组合成图像，就好像网纹照片都是由一个一个小黑点组成的。不过，光导纤维传像的像点非常细密，因此，在光导纤维束的出射端就可以得到和入射端的图像完全一样的图像。

光导纤维传送图像，是由光信号在纤维内传输完成的。如前面介绍的，光波是电磁波，而电磁波是以电磁场在空间相互交替地变换着向前传播的。光波在光导纤维内传播时，有通过完全内反射而向前传播的波，又有从中途或末端反射回来的波，还有在不均匀的界面上反射的波，这些光波在纤维芯内相互重叠、相互干涉，形成了各种各样的电磁场分布形式。这样一来，激光器发射给圆柱形纤维入射端的一个完整圆形光斑的信号，经过纤维传送一段距离之后，在纤维出射端的截面上的信号却分裂成几个小光斑。这种光斑，正是出射端截面处的电磁场分布“图像”。我们把电磁场的各种分布形式称为“模式”。要想使光导纤维传输无失真，就是说，从激光器发射给纤维入射端面的是圆形光斑，在纤维终端仍然能得到圆形光斑，那么，就要保持纤维以不变的模式——基模传输。如果一个圆形光斑经过纤维传输后分

裂成许多小光斑，就出现了许多杂散的“模式”，叫做高次模。这些杂散模在纤维中传输的速度和基模不一样，因而到达终端的时间不一样，产生了所谓的“延时失真”。

一束光线投射到光导纤维端面上，光线入射角度越大，在光导纤维中传输的反射次数就越多，经过的路程也越长，因而所需要的时间将越长。于是，本来同时射入纤维端面的一束光线，由于其中各光线入射角度不同，到达终端时就出现了有先有后的时间差，因而造成光信号中各模式光波之间在时间上的延迟。光导纤维越长，“先进的”光线把“落后的”光线拉下得越远，也就是说，延迟时间就越长。如果给入射端送入的是一个具有一定宽度的脉冲，那么，由于在纤维中存在着高次模，光脉冲传到终端时展宽了。这种现象叫做脉冲信号的“延时失真”。

入射到光导纤维的光，如果不是单一频率的光，而是由不同频率所组成的光，那么，光的频率不同，在纤维中的传播速度也就不同。所以，一束光从空气射入纤维之后，在纤维中将产生不同角度的折射，以至到达出射端时就会出现时间上的差别，这种现象叫做色散效应。这种现象是造成信号失真或脉冲展宽的另一原因。例如，一种镓铝砷发光二极管发出的光，谱线宽度为0.055微米，造成脉冲响应展宽为1.75～2纳秒/千米；名叫双异质结半导体激光器发出的光，谱线宽度不到0.002微米，造成脉冲响应展宽很小；另一种Nd：YAG固体激光器发出的光，谱线宽度不到0.0001微米，造成的脉冲响应展宽可以忽略不计。

那么，怎样减少信号的延时失真呢?

采用自聚焦多模纤维，可以显著改善信号的延时失真。自聚焦纤维与包层式纤维的结构不同，传光方式也不同。包层式纤维由两种具有不同折射率的玻璃拉制成，芯纤维与包皮有明显的界面，光在界面上产生全反射，形成锯齿形反射传播路线。而自聚焦纤维的横截面上，折射率从轴心沿半径方向大致以抛物线形状连续下降，轴心折射率最大，边缘折射率最小。由于纤维中各处折射率不同，光在纤维中传播时方向就要改变，如图 4－4。

图 4－4

一根自聚焦光导纤维相当于许多微型透镜的组合，如图 4－5。一束平行光通过一个双凸透镜后向中部会聚起来，叫做光的聚焦。自聚焦光导纤维就是利用这种聚焦性质制成的。自聚焦光导纤维对光产生聚焦作用，迫使光在纤维芯内传播，光自动地向轴线方向逐渐折回靠拢，形成一个形近正弦曲线的传播途径。

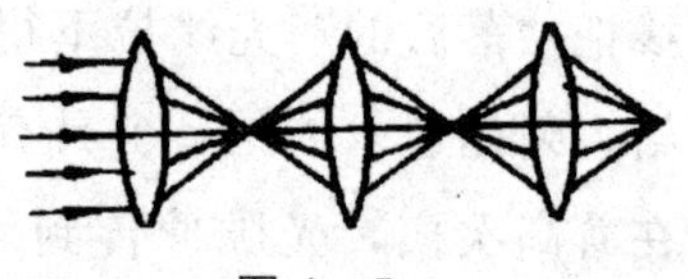

图 4－5

光线在自聚焦纤维中是沿着近似于正弦形路线传播的，它经过的光程要短得多，而且没有界面上的全反射损耗。因此，自聚焦光导纤维的光透过率比包层式光导纤维的光透过率要高得多。

自聚焦光导纤维不仅可以改善延时失真，而且可以简化图像传输系统，这样，用一根光导纤维就能够传送一幅完整的图像。这对于光导纤维传送图像来说是很有利的。

光导纤维能够以任意弯曲的形状、任意长度来传送图像，使一些光学系统结构简化、像质得到改善。由于这个缘故，光导纤维作为一种性能优良的光学元件，不仅在光纤通信和图像信息处理领域发挥着重要作用，而且在多种光学仪器和光电子器件制造方面得到了广泛的应用。

图 4－6 是一种光导纤维潜望镜。它的基本结构像医用听诊器。它是一种叉形纤维束：上端有两个分支，一支是观察目镜或者同光电接

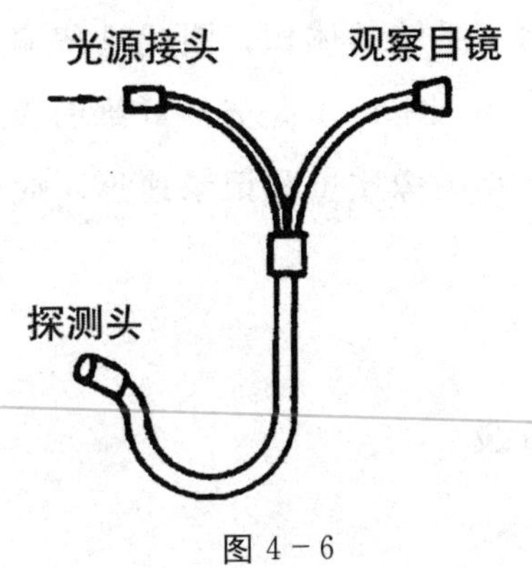

图 4-6

收器连接，用来观察或接收图像、信号；另一支同光源相接，用来传输光，以照明被观测的物体或目标。它的下端，是两支任意并在一起的探测头。为了提高探测效果，前端可采用成像物镜，以使所观测的物体或目标成像在探头的端面上。这种潜望镜，可以直接用于观察，也可以同光电系统接起来，用于对危险区域或快速运动物体、目标的观测。

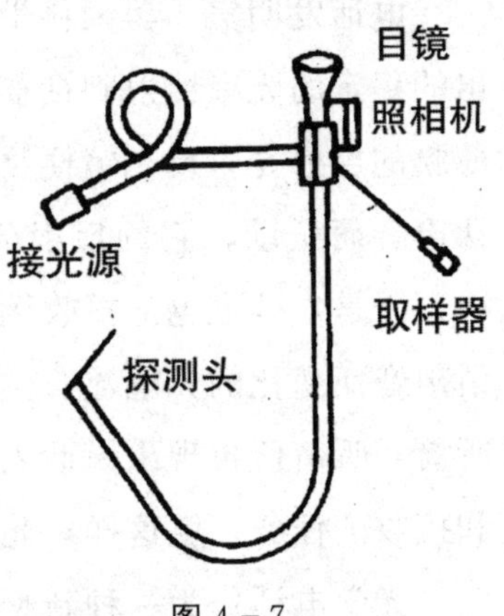

图 4-7

图 4-7 是医用的光导纤维内窥镜。它包括成像、传像和观察记录 3 个部分。一种高强度光源的光通过光导纤维束的传光束送到内窥镜探测头，通过导光孔照明被观测物体。被观测物体的像通过观察窗而入射，经物镜成像后，由光导纤维束送到目镜和照相机。

光导纤维的成功应用，使激光已经能够随各种体腔镜进入人体体腔内部施行直观手术处理。如光纤可通过血管直入心脏，并已有人成功地完成了栓塞汽化的手术，从而使激光进入人体禁区。

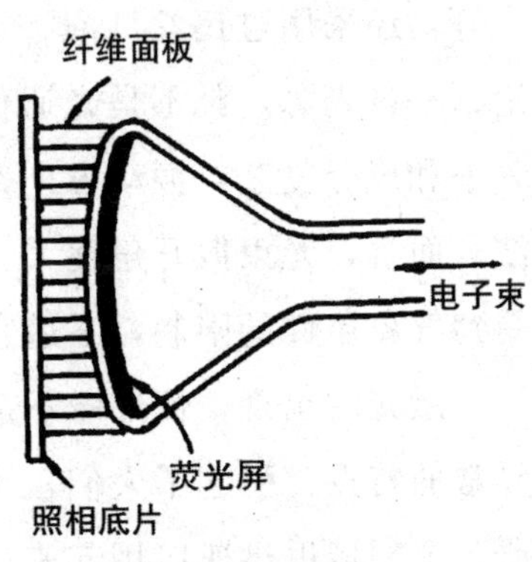

图 4-8

如果将大量的光导纤维相互平行整齐地排列而熔压在一起，就形成了传递光学像的光导纤维面板。它能够直接将光学像从面板入射面移到出射面，大大缩小系统的体积，因此已普遍地用在需要接触照相、记录和耦合技术方面。图 4 - 8 是光导纤维面板在阴极射线管中的应用，它大大提高了传真图像质量和记录速度。此外，它还可以用于变像管和摄像管中。

遥隔万里对面谈

电话发明家、美国科学家贝尔曾做过这样一个实验：让弧光灯发出的稳定的光束照射到话筒的薄膜上，采用一块抛物面反光镜来接收薄膜的反射光，反光镜便将反射光束投射到硅光电池上。薄膜随着说话声音而振动，它的反射光束的变化就反映了说话人声音的变化规律，于是，硅光电池接收到来自薄膜的反射光之后，就产生一种依说话声音而变化的光电流。然后，再将这种变化的光电流送给另一头的听筒，听筒便再现出说话人的声音来。这样就完成了说话声音的发送和接收的任务。就这样，光学电话问世了。

光学电话作为一种新型通信工具，曾有过一些实际应用。除了弧光灯，还采用过钨丝灯泡，以提高保密性和扩大通信距离。但是，无论哪一种光源，都不是光通信的理想光源，因为常见光源发出的光的频率和成分复杂，振动方向杂乱，信号调制困难，不适宜作信号的载波；而且，光束散开角度大，既不利于保密又容易造成光损失，加之受到气象条件的限制，不适宜作长距离通信。

激光的出现，使停滞不前的光通信重新振兴起来。激光具有许多异常的特点，引起了人们极大的兴趣，不仅在工业、农业、军事和科研各个领域里迅速应用起来，而且，将激光应用到通信方面。激光的频率成分单纯，振动方向一致，相位相同，易于调制，是一种理想的

光载波。激光的方向性好，光束发散角极小，几乎是一束平行光束，因而适于通信应用。

激光的出现，使“山重水复疑无路”的通信技术“柳暗花明又一村”。自从电报和电话发明以来，在100多年的时间里，通信技术发展很快。特别是20世纪60年代以来，半导体技术和电子计算机技术的应用，使电子通信科学技术进入一个新的发展时期，采用了数字传输技术、电子计算机控制自动交换技术、大容量海底电缆及卫星通信等新型通信手段，至此，通信技术真可谓应有尽有，十分完备了。但是，生产、军事、科研和社会的不断发展，通信及广播事业也要相应地发展，并要求进一步扩大通信容量。现在的无线电通信已经越来越不能满足需要，因为空间太拥挤了。由于相同和相邻的频率相互干扰，常发生串话，因而在一定地区内各通信系统不能同时采用相同的通信频率，只能按频率高低顺序排列，或者将使用同一频率的时间彼此分开来，因此可用的频道容量受到限制，影响了通信和广播事业的发展。激光救了无线电通信的“大驾”，光通信使空间频率拥挤问题迎刃而解。

光通信使用的是光波，光波是比无线电波频率更高的电磁波。由于频率越高，通信容量越大，因而光波通信最有前途。激光的频率很高，在10^{13}～10^{15}赫兹之间，比现在用的微波还高1000倍！如果每条话路频带宽度为4000赫兹，则可同时传送100亿话路；如果每套彩色电视频带宽度为10兆赫，则可同时传送1000万套电视节目。这是以往任何通信系统都无法比拟的。

1963年，英籍华人科学家高锟博士和他的同事，组成了光导纤维通信研究室。1966年7月，高锟和他的同事霍克哈姆发现：一根带有包层的玻璃纤维，芯线直径约为一个波长，总直径约为100个波长。这根纤维可能成为有实用价值的光学波导，具有充当新型通信手段的巨大潜力，信息容量可能超过 1000 兆赫。他们把制造光导纤维的材料寄托于石英。1966 年，美国康宁公司的莫勒领导的电子光学领导小组开始研究硅材料。1970 年 9 月，莫勒在伦敦召开的电气工程师学会微波波导会议上宣布，他和他的两位同事凯克、舒尔茨采用二氧化钛做掺杂剂，试制成功一根对 0.63 微米的氦氖光波波长的损耗为每千米 20 分贝的单模光纤。这是世界上第一根可用于传输光信号的光导纤维。

以后几年内，各国研究人员在继续降低光纤损耗、提高激光光源可靠性及制造低损耗光纤连接器等方面，作出了不懈的努力。1976 年上半年，在美国乔治亚州的亚特兰大，第一套长 60 英里的多模光纤通信系统宣告诞生。到了 1979 年，光纤通信系统就已经大规模投入使用，至此，现代光通信方式诞生了。

光波是波长很短的电磁波。光导纤维虽然极细，但它的直径却是它所传导的光波波长的十几倍至几十倍，在这样的情况下，光导纤维实际上就等于电磁波的导管，小小的光波在这样“宽敞”的光波导管里“流过”，因此，光导纤维又被称为光波导。光导纤维用于光通信，会给光通信带来极大的便利。

光导纤维通信具有如下优点：

(1)容量巨大，效率极高。激光作为载波，理论上可以传输 100 亿话路。就目前水平而言，一根细细的光导纤维，一般可以通几百至几千话路，有的可以通几十万话路。而且，由于光导纤维很细，直径不到 100 微米，几百根纤维组成的光缆也只有 1 厘米左右，因此，一根根细细的光缆包含几十根、几百根纤维，通信容量和通信效率非常大。

(2)不怕干扰，稳定可靠。激光在光导纤维中传输，不怕工业强电和雷电的干扰；激光在光导纤维中不会泄漏，因而也不会发生互相干扰。

(3)不用密码，保密性强。无线电通信要靠密码保密，有线电通信易于泄漏和窃听，而光纤通信的光信号不会泄漏出去，极难于窃听。

(4)性能良好，使用方便。光导纤维不是用金属材料制造的，而是用硅、玻璃等非金属材料制成的，抗腐蚀，耐高温，不怕潮，不怕震，并且具有轻细可弯的特点，安装和敷设等都非常经济方便。

(5)原料丰富。制造光导纤维的硅、玻璃等材料都是大自然中蕴藏丰富、易于制取的，并且纤维很细，用料很少，而不像普通的电线那样需要大量的铝、铜等有色金属。例如拉制几万千米长的单模细纤维，仅仅需要约1千克超纯玻璃；而制造100千米长的1800路中同轴电缆，却需要铜12吨、铅50吨。

光导纤维通信是有这么多的优点，各国都在大力进行研究、试验和应用，发展异常迅速。

在我国，光纤通信已在一些城市市内通信和中距离通信中投入使用。例如，大秦铁路西段光缆数字通信系统经过运行测试，各项指标达到总体设计要求，于1990年通过鉴定。这是目前我国开通使用的最长距离实用光缆数字通信系统，实现了我国铁路开通使用长途干线单模长波长光缆数字传输系统及长距离光纤数字基层区段通信系统。这就为我国光通信系统的应用积累了宝贵经验，具有重要的推广价值。日后，大容量的光通信实现，各城市之间的长途直拨通话，将会畅通无阻。

可视电话也是靠大容量的光纤通信系统实现的。在通话时，不但彼此能看到对方的音容笑貌，还能相互展示手中的照片及其他东西。亲人遥隔千万里，就像相聚在一起一样。可视电话还可以用于电话会议、医疗会诊、指挥生产等。

光纤通信在有线广播电视方面也大有可为。利用光缆构成电视网，能够传送几百几千套电视，使人们可以随意选择收看各种各样的电视节目，而且这种电视不受地形地物障碍的影响。此外，还可以迅速及时地传送电视报纸，可以进行电视教学。

许多光纤通信设备已经在舰艇、飞机上安装使用。光纤通信系统有利于减轻负重，缩小占用舰艇、飞机中的空间位置，又能避免干扰。特别是对于高速战斗机来说，去掉1千克电缆也是有益于整机性能的。

前不久，美国电话安装公司忙于为洛杉矶一些家庭安装光缆，以取代自电话发明以来一直使用的铜电话线。在美国，已有很多家庭以光缆取代电缆，并已投入使用。专家们认为，将光缆引进家庭，可能会产生新一代灵巧的家用电器，把电视、电话、计算机和传真机结合在一起，发挥更大的作用。光缆将大大增加向家庭传入和由家庭输出的声音、图像和数据量，使人们进入信息社会。

在这方面，日本和西欧也已作出长期发展计划，拟建立光缆通信网。

可以预期，光缆代替电缆，进入每个家庭，人类社会将进入一个崭新的信息时代。

五、神奇的光脑

计算机技术日新月异，应用日益广泛，对人类社会发展产生了深刻的影响。然而，路遥知马力，电子计算机在现代科学技术突飞猛进面前显现出“功底不足”，不久将会让贤给光子计算机。神奇的光脑，前程无可限量……

神机妙算显神通

你听说过“光子计算机”吗？如果说电子计算机是当今社会中十分了不起的“电脑”，那么，光子计算机就是未来社会中的更加神奇的“光脑”。欲知“光脑”如何，让我们先从“电脑”说起吧。

电子计算机如今对我们来说已不陌生，大家常常形象地称呼它“电脑”。不错，它是人类大脑的延伸和加强，是人们从事科学实验、生产实践及社会活动的得力助手，已得到越来越广泛的应用。

电子计算机是科学研究的先进工具。我国科学家利用电子计算机进行大量复杂的科学计算，取得了许多重大的科技成果，像卫星的研制、发射、遥测、控制等都是靠电子计算机来完成的。

电子计算机是实现工业现代化的重要设备。我国各工业部门利用计算机进行建筑、机械、工程、工艺及产品设计，编制出大量的应用程序，使设计效率提高几十倍、几百倍，节约了资金，缩短了建设周期。例如，设计一座 3000 平方米的楼房，手工计算需要半个月，上机计算只需要 3 分钟。采用计算机控制生产过程，可以实现优质、高产、低耗、节能和提高劳动生产率。例如，一家钢厂利用计算机控制炉温，使每吨钢节省 10000 千卡热量；一家铝厂利用微机控制电解槽，使每吨铝节电200千瓦时；一家纺织厂利用计算机监控织布机，提高工效 2%～5%。

电子计算机是实现管理现代化的主要技术手段。我国是一个 13 亿人口的大国，每年信息总量达到万亿位、十万亿位、百万亿位，国民经济各部门周转的信息相当于几千万页书，编制国民经济计划要对几十位长的数据做上亿亿次运算，离开计算机是不行的。我国的计划统计部门已经把计算机运用到农业、工业、财贸、劳资、物价等项的月报、季报和年报方面，既迅速又准确。比如说，全国工业月报，每月 5 日下午 6 时，千百种产品生产计划完成情况的数据报齐，当晚 10 时，电子计算机就完成了全部运算，提供出月计划完成情况分析，与去年同期、今年前期比较的结果。

电子计算机是交通运输、货物调拨的优秀调度员、调拨员。我国铁路运输部门使用计算机编制出最优调运方案，节省了大量运输费用。例如，铁路运输部门对铁矿石 369 万吨实施最优调运方案，一年减少 12 亿吨千米的运输量，节省费用 1164 万元。全国铁路运输的计算机网实时调度指挥，提高车辆周转率，节省千万辆货车，每年多运亿万吨。

上面的实例告诉我们：电子计算机是非常有用的。没有计算机，

就没有现代化。

电子计算机在许多领域里都扮演着重要角色，真是神机妙算赛诸葛。

我国某大型水坝曾发现裂缝，有关方面分析认为是地震造成的，用计算机对大坝进行了计算分析，认为还存在另一条未发现的裂缝，按计算机算出的位置去查，果然找到了这条裂缝。

我国中央气象计算中心进行气象情报及时处理，提高了气象预报的准确性。一次，提前两天预报四川暴雨量及黄河、长江的洪峰，为防洪抢险、减轻灾害损失作出了贡献。

在国外，一次，在堪察加半岛附近，一艘驳船连人带船卷进了海洋。人们利用飞机、直升飞机、轮船去寻找，结果什么也没有找到；后来利用电子计算机根据风速和海水流速，正确地计算出驳船在离港口几百千米远处，到那里一找，果然找到了。

电子计算机确实神通广大。美国的巡航导弹命中目标的精度很高，它实际上就是一架带小型电子计算机的无人驾驶飞机。这种导弹可以在超低空飞行，可以擦着树梢飞行，途中能随着地形高低而起伏飞行，几乎完全不会被雷达发现。原来，导弹身上的计算机是个储藏着一路上地形等高数据的“地图”，导弹在飞行途中如果发生偏差，导航系统就按照电子计算机“地图”给予校正，导弹能立即回到正确的航道上来。

“神”机的来龙去脉如何？

说来话长，电子计算机经过几十年的发展，已经经历了电子管、晶体管、集成电路、大规模集成电路四代，现在，正在加紧研制第五代。

1945 年，人类历史上第一台电子计算机问世。这位时代的骄子的名字叫埃尼阿克。它的运算速度为每秒 5000 次，比以往的计算机运算速度快1000倍。不过，它是个庞然大物，使用了18000只电子管，体重达30多吨，占地有6间房子那么大。1949年，第一台存储程序电子计算机在英国剑桥大学投入运行。20世纪50年代初期，电子计算机进入批量生产。第一代电子计算机是计算工具革命性发展的开端，它所采用的二进位制和程序存储奠定了现代电子计算机技术基础。

晶体管的工业生产，带来了第二代电子计算机。1956年，第一台军用小型晶体管计算机诞生，两年后，晶体管计算机进入批量生产。

集成电路的出现，带来了第三代电子计算机。1964年，著名的IBM公司生产出混合集成电路计算机IBM－300系列机。于是，小型电子计算机面世，适应性广，价格较低，使用方便可靠，很快得到推广。

20世纪70年代以来，集成电路发展到大规模集成阶段，因而催开了电子计算机一代新葩。1975年，美国、日本先后生产出全大规模集成电路的第四代电子计算机。集成电路，一块指甲那么大的芯片上集成一千个至几十万个元件，使计算机体积大大地缩小，耗电进一步降低，可靠性更加有保证，因而产生了微型计算机和微处理机，还制成了每秒数亿次的高速度大容量的巨型计算机。

20世纪80年代以来，美日竞相研制第五代电子计算机。1982年4月，日本成立了第五代电子计算机开发机构，拟定了一项为期10年的国家科研计划。次年，美国作为对日本研制大容量计算机的回答，制订了一项为期6年的研制“人工智能”计算机的宏大计划。日本的第五代计算机发展目标是，运算速度达到一秒运算数十亿次，并且容量巨大，庞大的信息库存储有日本语、外国语，还具有声音、图像和画面的识别装置。

从这里可以看出，第五代电子计算机是超大规模集成电路、人工智能、软件工程、新型计算机系列等综合的产物。主要特点是智能化

程度显著提高，能够识别声音和图像，具有学习和推理的功能。人们可以不必编制程序，只要发出命令、写出方程式或提出某种要求，计算机就能自动完成所需要的程序，并提供出结果来。

近些年来，电子计算机向着巨型、微型、网络、智能模拟几个方面发展。

巨型电子计算机，是指它运算速度越来越快，存储容量越来越大，如目前在科学研究和设计方面用的每秒运算数亿次、数十亿次的巨型机。

微型电子计算机，是指它体积大大缩小。导弹上用的微型机只有纽扣那么大。一般的微型机运算速度也不低，每秒 10 万次，比第一台占几间房子的电子管计算机速度高 20 倍，而成本却低 1 万倍。千万台微型机的应用，其意义可以与 19 世纪蒸汽机的发明和应用相比。微型机甚至渗透到电话机、照相机、电视机、缝纫机、洗衣机等日常生活用品中来，如便携式电话机带在身边，走到哪里都可以打电话。

电子计算机网络，是指把分散在各地的许许多多台计算机联结起来，就像电话通信系统那样，在各个用户单位或家庭都有自己的终端设备。人们可以利用自己的终端计算机，向几千千米外的图书馆查阅资料，查阅几种文字的上千种杂志的数万篇文献，只用十分钟就可以完成。

智能模拟，是计算机发展的高级阶段，就是让计算机模仿人的智能，比如叫它识别文字、图形、声音，叫它说话、回答问题等。智能机器人如今已成为现实。它能“看到”障碍物，会绕道避开障碍物前进，而且走通一次，就能记住道路。它能“看懂”装配图，然后从传输带上选择所需要的零件，并且按照装配图来进行机器装配。未来的智能计算机还会“神”得多呢！

电子让贤给光子

现代科学技术突飞猛进，电子计算机的运算速度和存储容量日益显示出不相适应。我们可以肯定地说：电子计算机一定会被光子计算机所代替。利用激光和集成光学的新科学技术，研制成光子计算机，其信息存储量可达100亿亿位，比电子计算机容量大10亿倍；其运算速度可达1000亿次，比电子计算机快1000倍，甚至10000倍！

自从第一台电子计算机诞生以来，电子计算机已经发展到第五代，却始终没有脱离电子学的范畴，依然依赖于电信号的传输、运算和处理。利用电子进行数字运算和信息传输，需要线路网络，在元件越来越小的发展趋势下，电路板上能够容纳的导线数目极其有限，这样，电子线路就束缚住了现代电子计算机的手脚。而且，由于处理器的大小受到限制，电子计算机的运算速度也只能快到一定程度。在通常的传统处理器里，电子是在线路网络中穿梭于不同的微处理机与元件之间，有时必须相互等待，好像汽车必须按秩序地一个一个地通过路口一样，不能随便加速抢道，因而信息传输速度受到一定限制，使运算速度也无法突破一定极限。

激光的出现，使人们自然而然地想到要发展光子计算机。多少年来，科学家们梦寐以求地想用光子代替电子设备中的电子，如果这一夙愿得到实现，便可能研制出比现代任何计算机的功率和灵敏度都高、存储量和运算速度都大得多的新的一代计算机。

从物理学中可知，光子是光的最小能量单位，在一定程度上和电子一样。今天应用的全部电气转换技术，都是用电子工作的，并统一在“电子学”这一总的概念之下。事实上，光子同电子比较，具有许

多优点。光子以光速运动，很少受磁场或“兄弟光子”的干扰而造成偏移或脱离轨道。而且，如上所述，如今已明显地看出电子学在计算机制造方面存在着功能极限。为了赋予计算机以更多的“人工智能”，我们必须在技术上付出更高的代价，毫不迟疑地用光子去取代电子的地位。

其实，光子技术早已来到我们的生活之中，激光唱盘，超级商场里的光学扫描装置，都是用光子代替电子传送信息的实例。此外，光纤通信日益广泛应用，正逐步取代传统的电缆通信。毫无疑问，由光子代替电子工作，研制光子计算机是今后计算机发展的正确方向。

近年来，美国和日本的有关研究实验机构之间，不加声张地进行着一场技术比赛，竞相研制光子计算机。

1982 年初，美国国际商用机器公司宣布制造了第一台光子计算机，不过这个“婴儿”只能在“保温箱”里生活，在接近绝对零度的温度下工作。可是，光子是在常温下工作的，要想制造出能够实用的光子计算机，必须研制出光子工作的各种光子元件。因此，美国贝尔实验室集中力量从事“光学回路”的研制工作，这种回路在一定程度上跟今天的电子集成电路相同，也可以做得很小。光学回路是利用高纯度晶体层制造的，通过晶体层的形状来调节和控制光的响应和通路。贝尔实验室研制光计算机还装有光检测器、晶体管和光波导等元件，这些元件是研制计算机所必需的元件。但是，贝尔实验室在“逻辑”元件和存储器部件方面却遇到了困难。

与此同时，日本仙台东北大学电气通信研究所研制成功一种“双稳态激光二极管”，使数字技术的逻辑开关工作状态和开关准确度取得较大的可靠性。在这方面，日本研制光计算机技术，似乎比美国略胜一筹。而且，日本庆应大学试制成功“激光纤维屏极”，在光学处理图像方面也崭露头角。高级机器人的眼睛，通常是用电视摄像机拍摄对象的浓淡图像，再用计算机处理图像来识别对象，由于大部分时间用于处理图像信息，因而需要时间太长。庆应大学“激光纤维屏极”能以等于通用计算机100万倍的速度摄取对象的图像。这样，就为解决各种有关图像信息系统的计算难题开辟了一条途径。

1990年1月29日，美国电话电报公司贝尔实验室以美籍华裔科学家黄庭钰为首的科学家小组，研制成功了世界上第一台数字光学信息处理机。这是许多科学家共同努力的结果，它为制成光子计算机迈出了重要的一步。贝尔实验室把光学处理机与晶体管的发明相提并论，因为晶体管曾使电子技术进入一个崭新阶段。美国霍尔代尔研究中心信息系统研究室主任宁克认为，数字光学处理机的研制成功是人类技术史上的一件大事，可以同莱特兄弟制成世界上第一架飞机相媲美。

贝尔实验室的数字光学处理机像餐桌面那么大，厚度不到30厘米。它与传统的电子计算机的电子处理机不同，没有电路板和集成电路片，而是由激光器、光学透镜和棱镜组成。这种没有导线的数字光学处理机，利用激光在处理机内传输信息。而且，光学处理机的运算程序是安排在它的硬件里的，不是像通常的计算机那样包含在软件里。这台数字光学处理机的核心，一种称为“对称自光电效应”的光晶体管，开关速度为每秒10亿次。我们知道，数字电子处理机采用二进制编码，即利用电平的高低来代表“1”和“0”。光学编码与此类似，是以光的有（亮）无（暗）来代表“1”和“0”的。用激光在具有光导和光电效应的光折变物质上存储或读出图形编码，利用透镜棱镜和解码掩模等进行光学处理和运算，就构成了数字光学处理机。这种光学处理机是光计算机的核心部分，它可能处理的信息量比电子处理机快1000倍。目前，贝尔实验室演示的光学处理机的运算速度是每秒100万次，科学家们预计，不久将可能制成运算速度达到每秒几亿

次的光子计算机。

不过，光子计算机的“未成年时代”可能还会用到一些电子元件，是一种混合式的光电计算机。这种光电子技术进一步成熟后，首先运用的范畴可能是并行运算处理机，就是把一个运算问题划分为许多个次级运算子题，并行运算处理机可以同时处理这些次级子题，大大减少运算的总时间。美国的英特尔公司正在加紧研制并行计算机。既然有了良好的开端，全光数字计算机也一定会研制成功。

贝尔实验室的布赖恩·英纳汉说，在10年之内，光子计算机可能导致开发出以光为基础的超级计算机，其运算速度比现有的计算机快1000～10000倍。

上面提到，在光子计算机中需要有各种光学元件，激光是在这些元件构成的“光学回路”中传输的。在下面一节里，我们将介绍光子计算机所必需的，也是光纤通信所必需的集成光学元器件和它们所构成的集成光路。

小小光路本事大

打开电视机，可以看到一种长方体元件，俗称为集成块。它是一种集成电路，就是把二极管、三极管、电阻和电容什么的都制作在一块很小的硅片上，并把这些元件按照一定要求互相连接起来，构成一块不可分割的、具有一定功能的完整电路。现代的大规模集成电路，在一块电路硅片上集成有几万个元件，现在正向着包含有10万个以上元件的超大规模集成电路进军。

人们从集成电路得到启示，20世纪60年代末，将同集成电路相类似的技术应用到光学领域里来，便产生了集成光路的概念，并出现了一门研究集成光路理论、制造和应用的新学科——集成光学。

集成光学元件是什么样子？集成光路又是怎样构成的呢？

我们还是从日常生活中最熟悉的“光学仪器”谈起吧。人的眼睛近视了，需要配一副近视镜；上了年纪，做活时就得求助老花镜帮忙；洗完了脸，要到镜子跟前照一照；看军用地图，常常要请放大镜来配合……这些眼镜、镜子和放大镜就是最简单的光学元件，它们同光源（太阳或电灯）和眼睛一起构成了光路系统。近视镜，是一种中间薄而边缘厚的玻璃片，叫做凹透镜，它有使光线发散和缩小景物的功能；老花镜和放大镜，是一种中间厚而边缘薄的玻璃片，叫做凸透镜，它有使光线会聚和放大景物的功能；镜子，是背面涂了水银的玻璃片，叫做反射镜，它有反射光线和折转光路的作用。这些，都是制造光学仪器的光学零件。不过，在各种各样的光学仪器里，所采用的许许多多的凸透镜、凹透镜的材料，表面的曲率和厚度都是各不相同的。为了获得各种不同的性能和成像的光学系统，使仪器能满足使用上的需要，光学工厂里设计制造的凸透镜和凹透镜是多种多样的，如图 5 - 1

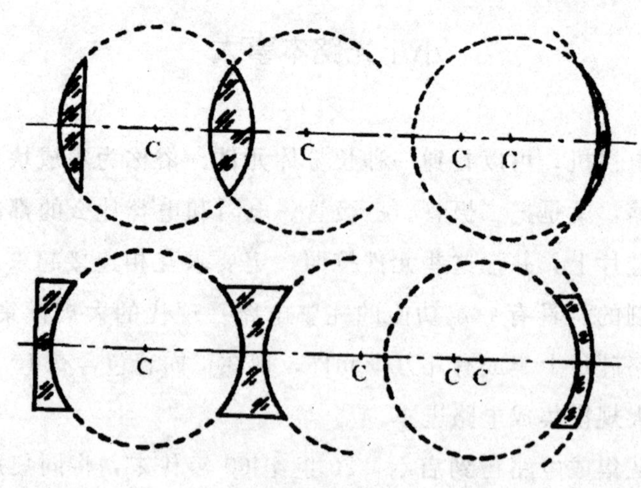

图 5 - 1

那样，而且常常是把几个镜片胶合起来或者用几片透镜构成一组，以改善成像质量。反射镜也有各式各样的，而且在许多情况下采用棱镜代替平面镜来折转光路。此外，在制造光学仪器过程中，还采用许多其他光学零件，如供瞄准用的带十字线或标尺的玻璃片——分划板，供测量读数用的带有度、分、秒刻度的玻璃片——度盘、分盘和秒盘。采用这些光学零件，就可以构成各式各样的光学系统，制成各种类型的光学仪器，诸如工厂检查员用以检查工件质量的大型工具显微镜，边防战士用以瞄准敌人坦克的火箭筒瞄准镜，农业技术人员用以观察昆虫面目的生物显微镜，医院外科医生用以缝合患者血管的手术显微镜，天文学家用以探索宇宙秘密的天文望远镜，公安人员用以鉴别作案人指纹的双物比较显微镜，电影院里的电影放映机，公园里为游人留下幸福微笑的照相机……各种各样的光学仪器和设备，在工业、农业、军事、科研及日常生活的各个方面，为人类作出了许许多多的贡献，是人们从事现代化建设的得力助手。

一台光学仪器，常常有几个、几十个以至几百个玻璃制成的光学零件，而且还要有固定、支承、调节这些光学零件并构成仪器整体的大量金属零部件。这样，一台光学仪器，小的有几千克重，大的就要上吨重了。此外，还有一些光学仪器配备巨大的光具座，以及防震和恒温恒湿等设备，那就更加显得庞大笨重了。

光学零件和光路系统能不能微型化呢？能。不过，集成光学元器件的制作，集成光路的构成，与普通的光学零部件和光路系统是不同的。集成光路是以薄膜形式构成的微形光学系统。在这样的系统中，采用一些特殊的技术方法，将具有发光、放大、调制、耦合、传输等功能的器件都制成薄膜的光波波导形式，而光波是作为被导引的波在薄膜中传播的。通过控制薄膜厚度、波导宽度、波导与周围介质之间的折射率之差形成的各种光波波导，都具有独特的结构和传播速度，因而有不同的功能。例如，在薄膜上做出一个凸透镜形状的膜层宽厚的区域，当光波通过时，光速在这个区域的边缘前进得较快，往中心去，光速随着膜层增厚而减慢，因而产生光束的会聚作用，成为薄膜凸透镜，如图 5－2（左）。反之，在薄膜上做成一个凹透镜形状的膜层窄薄的区域，当光波通过时，光速在这个区域的边缘前进得较慢，往中心去，光速随着膜层的减薄而加快，因而产生光束的发散作用，成为薄膜凹透镜，如图 5－2（右）。这种薄膜透镜，就好像是从普通光学透镜上切下的一个薄片。采取这样的方式，也可以制成薄膜棱镜、薄膜激光器、薄膜调制器、薄膜光开关、薄膜探测器等光电子器件，彼此以薄膜耦合器和薄膜光波导连接起来，从而构成一种具有一定功能的完整的微型光学系统。将所需要的几种器件都做在同一块公共的衬底基片上面，就成为单片集成光路；而将多种器件制作在不同材料的衬底上面，然后再外接到一起，则成为混合集成光路。图 5－3 是集成光路的一种实例。这样，就实现了光路系统的微型化，就像集成电路那样，整个光路系统只有一个手指甲那么大！

图 5－2

集成光路系统比起普通光学系统来，具有许多的优点，它体积小、重量轻、功耗低、效率高，易于屏蔽和绝缘，性能稳定而可靠，使用轻便又经济，有利于制作大规模的光电子系统。集成光路在光纤通信、光子计算机、信息处理、图像显示和文件图片扫描等方面，都有重要的实际应用和广阔的发展前景。

目前，集成光路的研究、试验不断取得新成果，几年内将会取得重大突破。一系列的集成光路通信设备和集成光学元器件的研制成功，必定加速光纤通信和光子计算机的发展和成熟。

人们利用集成光路，制成声一光和光一声变换器。在光纤通信设备中，在发送端将声音直接变成光信号通过光纤传输，在接收端再将光信号直接变成声音信号；并采用米粒那么大小的中继器，它就像接力赛跑的中间运动员将棒接过来又传下去那样，使通信的中继距离扩大，或者，传送的声音和图像经过光扫描和连续化，加上光导纤维的光能损耗进一步降低，于是，人们完全抛开电通信系统，实现大容量远距离的全光通信。

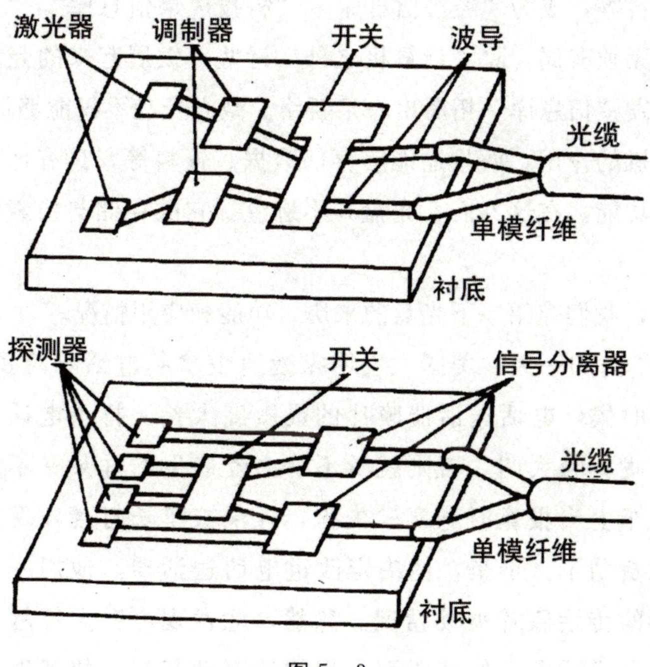

图 5－3

人们利用集成光路，即把激光器、开关、调制、滤波、放大等功能的元件集成在一起的微型光学器件，用于制造计算机，研制成全部由光子器件构成的光数字计算机。这种光数字计算机具有特高运算速度和特大信息存储量，使用稳定可靠，是人类最理想的计算机。在 21

世纪，电子将让贤给光子，今天的电子计算机将作为光子计算机的先驱而走进历史博物馆，继而是光子计算机大显身手的时代。

圆盘里容大世界

电子计算机是一种运算机器，也是一种存储机器，能够用于存储数据、资料等，成为“经济信息库”“科技成果信息库”“人才信息库”……无独有偶，除了计算机之外，近些年发展起来的光盘技术又为人们开发“信息库”拓展出一条新路。激光光盘不仅能够记录声像，具有录像机的作用，而且还能够存储数据、资料等，具有计算机的存储与检索功能。在这方面，光盘并不逊色，它的存储与检索的能力也大得很呢！

下面，我们介绍一下光盘的来历、功能和应用情况。

125年前的一天，美国大发明家爱迪生拿起电话听筒要打电话。可是，那时候，电话送话器膜片的灵敏度太差，打个电话，双方都要放开喉咙大喊大叫，否则就听不清。爱迪生的耳朵又不好使，因为他在火车上当报童时做实验失火，耳朵被车长打聋，现在打起电话来，太费劲了。于是，他决定改进电话送话器。他用一根针来检验送话器的传话膜片振动情况。忽然，他发现，针尖接触传话膜片时，竟随着说话声音的强弱而有规律地颤动起来。他那发明家的特有敏感使他立刻意识到，这一现象是很有价值的。这时候，一个新的发明在他的大脑里酝酿起来。他想，声音作用在膜片上，会使针按照声音规律颤动，反过来，如果让针作有规律的颤动，不就可以复原出声音来了吗？设想有了，怎样实现呢？他的大脑紧张地思索起来，许许多多的现有技术一一从他的脑际出现又消失，最后，莫

尔斯电报信号的中转器技术在他大脑里停留下来，对，这项技术可以利用。从此，他和他的助手开始日夜研究实验。他采取在金属筒的锡箔片上刻制槽纹的办法，记录声音，通过短针在槽纹中颤动并通过喇叭复现出声音来。

1877 年的一天，世界上第一台留声机在爱迪生的手上诞生了！

爱迪生的留声机，和他的许多其他发明一样，对以后科学技术的发展产生了深刻影响。它是声像技术发展的开端。10 年后，美国发明家柏林纳发明滚筒式留声机，第二年发明盘式留声机，并发明了唱片。那时候的留声机，右侧有一个手摇把，放音时需要用手摇来给它“上劲”，就像给手表“上劲”一样。又过 40 年，美国电影业为了给无声电影配上声音，设计出一种与无声影片同步的电唱机，并生产出用电唱机放声的有声电影。从此，留声机开始甩掉尾巴——手摇把，改名为电唱机。后来，福克斯有声电影公司发明声音调制技术，才把声音直接制作在电影胶片上。

人们并不满足于唱机，20 世纪 40 年代初，德国研制出具有高频偏磁和良好机械传输性能的磁带录音机，开拓出记录声音的新渠道。到 1955 年，美国无线电公司宣布实验成功磁带彩色录像机，从此，人类不仅能把自己和大自然的声音记录下来，而且能把自己和大自然的形象记录下来，它揭开了声像技术史的新页，打开了现代声像技术发展的大门和通路。3 年后，美国安皮克公司生产出商用彩色录像机。

1970 年，英国德卡公司研制出第一台黑白电视录像盘。两年后，荷兰菲利浦公司研制出用激光器拾音的彩色电视录像盘。这就是现代激光光盘的诞生！

我们知道，唱片上有一圈圈首尾相接的螺线槽。在放音过程中，随着唱盘的旋转，唱机针在唱片螺线槽内滑动，并按照线纹的细微的变化规律颤动。唱机针的颤动经拾音器变成电信号，经过电子放大器放大，最后由扬声器转变成声音而放出来。因为灌制唱片时，是以和放音相反的方法，将音乐、戏曲或语言以螺线槽的形式记录在唱片之上，因而螺线槽的形状完全“代表”声音的变化规律。灌制唱片的过程就是录音的过程。实际上，放音的过程才是灌制唱片（录音）的逆过程。因此，把记录在唱片上的声音如实地复现出来。

激光光盘的诞生，激光在音响设备上的应用，是音响上的一次革命。人们利用激光，以“光针”代替钢针、宝石针，制成激光唱片。后来的发展，激光唱片不仅能够录音，而且能够录像。激光唱片用来记录、存储声音和图像，可以说，这是声像技术上的一次革命，一个伟大的创举。

自从激光光盘出现以来，人们充分挖掘它的潜力，创造多种功能的激光唱机和唱片。1983 年，美国和日本分别研制成崭新的数字录音唱片。这种唱片完全摆脱了传统唱片的制作和重播方式，为唱片开辟了一个全新的境界。这种数字唱片所采用的灌录技术，原理和人造卫星上装置的电脑辅助摄影机相同。首先，灌录音使用一种特制的电脑，以每秒钟可以收录 44000 个音响单位的速度，把声音收入电脑。然后，电脑把这些音响转译成数字。这些音响数字，被记录在一张直径 14 厘米的胶片上。数字唱片重播时，使用一具特制的唱机。这具唱机是利用激光照射记录在唱片表面上的数字。用一句数字唱片的术语来说，那就是利用激光去“重读”这些音响数字。激光把数字读出之后，再经过唱机和音响扩音器，便可以把音响播出。这种数字唱机，有几项重要的优点是任何传统唱片所不及的。激光在唱片上“读出”的是数字而不是音响，因此不怕唱片上尘埃或静电的干扰，没有杂音。这种数字唱片，在存储技术等方面都有重要的用途。

20 世纪 90 年代初，日本 JVC 公司推出第一台激光唱片加图形的唱机。这种新型激光唱机使用一种新颖的音频—视频激光唱片。这种

唱片含有音乐、文字、照片和图形，以数字方式存储。在听音乐时，同时还能从电视屏幕上看到歌中的表演和歌词。

激光光盘技术发展很快，各种功能、各种用途的新型唱机、唱片层出不穷。于是，激光光盘和电子计算机技术、声像技术联手，踏入文献存储和检索的领域。

美国第一个大型工程资料光盘检索系统在旧金山太平洋煤气电力公司建成时，这种系统的软件设计和配置，由美国南方电力国际有限公司信息系统部承担。它可以处理太平洋煤气电力公司的40多万张建筑和工程图纸。利用这个光盘检索系统，太平洋煤气电力公司将全部蓝图、工程图、设计说明书及有关文件转变成电子图像信息，存储在光盘上，替代了原先的窗孔卡片、人工存储和文件目录系统，进而实现对整个系统的严格控制和对个别文件的灵活存取。利用现有的硬件设备和南方电力国际有限公司开发的系统软件，可以处理40万份资料，并能够使太平洋煤气电力公司的电子信息库在3个月内实现联机，公司的工程师和电厂的操作人员能够在设于不同地点的工作站，快速检索、查阅和打印出所需要的资料。

20世纪90年代，我国的光盘检索系统——海威光盘图文检索系统诞生，它是北京中关村新技术公司——海威电气公司的年轻技术专家研制成功的。这个系统是一个具有“真迹存储”功能的图文检索系统，能将指纹、印鉴、手稿、乐谱、图表、地图和照片等不可编码信息进行存储、传输、复制并按原样显示、打印出来。

这种光盘图文检索系统比电子计算机检索系统要高出一筹。目前，各个单位开发的或商品化的计算机检索系统，并不是存储“一次文献”（文献资料本身），更不能大量存储图像，而只是存储“二次文献”，即只提供给用户查找文献资料的线索。因此，用户要查找某种文献资料，必须首先利用计算机检索“二次文献”数据库，得到所需要的那种文献资料“在哪里”的答复；然后，再到情报所、图书馆、档案馆或专利局去寻找和借阅文献资料原件。这就是说，计算机检索系统仅仅替用户找到文献资料的目录索引，而文献资料本身还要靠用户花时间、精力去寻找。有了海威光盘检索系统，用户就不用亲自到情报、图书部门去寻找文献资料了。由于光盘图文检索系统以快速扫描输入的功能，将原始文献和图表扫描存储在光盘组中，用户只要利用一些简单的检索入口点，就可以直接找到文献资料原件。

这种光盘图文检索系统的显著特点是，它具有适应人使用的“用户界面”。用户使用光盘图文检索系统，不用操作键盘，只要按鼠标器上的3个按键，就可以完成所有的操作，得到各种各样的信息服务。这种系统有着极为广阔的应用前景，可用来实现金融、公安、海关、包装、商标和图书情报等现代化管理，提高各行各业的工作效率和服务水平，并带来巨大的经济效益和社会效益。

这种光盘图文检索系统开创了情报信息走进办公室、研究室、企业和家庭的理想服务模式。当年美国著名信息专家兰卡斯特曾描绘出一幅手提式电子图书馆的蓝图，如今光盘图文检索系统已经迈出了重要的一步，将一座庞大图书馆缩进一间小小的办公室，那么，随着高科技的飞速发展，把一座图书馆、一座情报所缩微成为一个“手提式图书馆”或“手提式情报所”，为期还会很远吗？

1991年12月26日，日本《朝日新闻》报道，日本平凡出版社将一部《新世界大百科全书》“装进”一张光盘唱片里。这是日本电气家电电子公司等厂家联合开发的。他们花4年时间研制成CD－ROM光盘读取专用存储器，接着制成这种光盘用的唱片。这张唱片直径12厘米，厚1.2厘米，重量只有15克。这样一张轻薄的光盘唱片却容纳了39卷正文和1卷索引的巨著，存储量总计7000万字！

随着激光光盘技术的发展，光盘书籍将会进入家庭生活中来。新型光盘书籍对于住房无立书柜之地的普通家庭是很有利的，况且，这种光盘书籍比起普通书籍来读取十分方便。

六、逼真的照片

照片能为我们留下珍贵的记忆。一张孩提时期的顽皮小照，一张少年时代的学友合影，都会唤起对往事的幸福的回忆。彩色照片十分漂亮，然而，与激光全息技术所提供的逼真的立体照片相比，那就太逊色了……

留下珍贵的记忆

最早发现成像原理的，是我国古代学者墨子。

一天，墨子看到，阳光从窗上的小孔钻进屋里来，把屋外窗前树枝的影子映在墙上，那影子却是尖叶朝下而树干向上的倒影。这是怎么回事呢？为了弄清原因，他和学生们一起做了一个实验：在小木房子的前壁上抠一个小孔，当一位学生站在房前时，房内的后壁上就映出了人的倒像。墨子认为，光是直线前进的。人身体被太阳照亮，每个点反射出来的光向四面八方直线传播，通过小木房的小孔，在后壁上一一留下自己的光点。即人身上部的光，在后壁的下边投射光点；

人身下部的光，在后壁的上边投射光点。同样的，人身左部的光，在后壁右边投射光点；人身右部的光，在后壁左边投射光点。这些光点，就组成了人的倒像。树枝通过窗孔在墙上形成倒影的道理，正是这样。

我们也可以做一个小实验，来观察倒像的形成。用锥子在一张硬纸板上扎一个小孔，做成一个针孔屏。在针孔屏前放置一支燃烧的蜡烛，在针孔屏后放置一张白纸板。蜡烛、针孔屏、白纸板三者调到一定的距离，则蜡烛的光线将通过针孔而在后面的白纸板上形成一个倒像。这个像同蜡烛相比较，是上下颠倒、左右对调的。

小孔能够成像，人们利用这个原理制作了针孔相机。它同墨子的实验一样，相机就是一个小匣子，前壁上钻个小孔，这个小孔就相当于普通照相机的镜头，后壁处用毛玻璃或半透明纸取景。将针孔相机对准某个光源，例如蜡烛的火焰，适当调节相机与蜡烛之间的距离，在小孔不大的情况下，就会在毛玻璃上见到火焰的清晰的像。这个像，跟光源比较正好是上下颠倒、左右对调的。如果将后壁处的毛玻璃拿去，换上照相底片，则可以拍摄景物。

15 世纪，欧洲的画家为把景物迅速地描绘下来，创造了“针孔映绘暗箱”。它就是上面讲的针孔相机。画家们将映绘暗箱对准所要画的景物，影像就呈现在后壁的毛玻璃上。若换一块透明玻璃，拿一张半透明纸覆盖在玻璃上，便可把景物的影像描绘下来。到 19 世纪，玻璃熔炼的进展和光学工业的萌芽，为映绘暗箱的改进提供了条件。后来，用凸透镜或凸凹透镜组代替“针孔”，毛玻璃上呈现出来的影像的亮度和清晰度都大大地改善。经过不断改进，映绘暗箱已具有照相机的雏型。

但是，当时还没有保留影像的感光材料，因而“照相”也就迟迟没有降生。

1839 年，法国科学家路易·让斯克·芒戴·达盖尔采用他的“照相机”——映绘暗箱做了一次成像实验。他的映绘暗箱，前面装有一组成像镜头，后面装一块倾斜的反射镜，在顶部有毛玻璃取景，这样，镜头形成的影像经反射镜反射后，投射在顶部毛玻璃上，观察起来十分方便。达盖尔采用水银蒸气处理铜板，获得了世界上第一张清晰的照片。

从达盖尔的照相机诞生到现在，经过 150 多年的演变，结构和性能都有了很大的变化。1860 年美国首先制成大型单镜头反光照相机。1888 年美国柯达公司生产了第一台小型照相机。1913 年德国莱茨厂制成 35 毫米莱卡照相机，1924 年开始批量生产。1937 年德国罗莱厂正式生产双镜头反光照相机。同年，德国生产出第一台 135 中心快门单镜头反光照相机。1963 年美国柯达公司制成第一台电子快门照相机。1966 年日本生产了焦平面电子快门和中心电子快门，1971 年大力发展内测光电子快门照相机。

目前，照相机在结构和性能方面都已经相当完善，发展特点是优质、精密和自动化。例如，照相机的镜头采用的是优质多层加膜镜头，最短调焦距离为 20 厘米，光圈一般在 f/22～f/1.4 的范围。快门是采用电子钢片中心快门或电子控制帘布焦平面快门，速度为 8～1/1000 秒无级变速，有 B 门和 MX 闪光同步，并带电子自拍机构。取景通常采用固定平视棱镜、中心微棱镜、精密聚焦环、中心裂像测距、微棱镜环、全视场聚焦屏等。有的在取景目镜两边装有硅光电二极管、硫化镉光敏元件，在全光圈下对全视场聚焦屏做中央重点测光，实行全自动曝光。

全自动曝光，就是摄影者如果先选定快门速度，则照相机会自动配合调整好光圈；如果先选定光圈大小，则照相机会自动配合调整好快门速度。测光系统读数与曝光误差一般为 1/3～1/2 挡光圈。快门速度几乎完全准确，仅在高速时有 10％的偏差，也是在容许范围内的。

世界上的景物，五光十色。譬如说，一张摄自花坛的黑白照片，与实际景物相比便黯然失色。因此，人们又着手研究反映万物本色的彩色照相技术。早在100多年前，英国马克斯维尔就曾证明用底片可以把景物的颜色分解为红绿蓝三色，因而能够制成彩色照片。但是，由于这种方法要分别记录景物的3种颜色，必须拍摄3次。1904年，法国米埃尔兄弟发明了彩色底片，才出现了一次摄取的彩色照片。这种彩色底片，是在玻璃板基上涂布对红绿蓝3种颜色感光的微小颗粒感光材料制成的。这种彩色底片沿用了30年，直到1935年，柯达公司的彩色底片问世。

如今，照相机种类繁多，感光材料也应有尽有。从公园到边防，从高空到深海，从新闻通讯社到科学实验室，到处都有照相机的踪迹。

但是，以往的照相机尽管花样不断翻新，但万变不离其宗，都是按照几何光学成像原理制成的。所拍摄的照片，把人和景物都压缩成扁像，失去了丰富的立体形象。现代的全息照相，伴随着激光技术而获得新生和发展，为我们提供了一种捕捉景物一切可见信息的途径，可以得到极其逼真的立体显示的全息照片。

技艺惊人的照片

从“百日留影”的第一张照片开始，影集里便记录起我们人生的旅程。照相和照片，是我们都非常熟悉的事物。然而，普通照相方法所得到的照片，却存在着无法克服的缺点，总是那么不尽人意。譬如说，在节假日里，我们来到公园里游玩，选择了一个景物优美别致处留个影，这里的一切景物，宽阔如毯的草坪，万紫千红的花坛，曲径通幽的小路，八角玲珑的凉亭，长虹跨水的拱桥，湖面荡漾的小舟……它们都是三维（具有长宽高）的，可是，所得到的照片却把人和景物都压缩成为没有厚度的扁像，那些生动的三维空间景物却变成了二维平面的图形，留在纸平面上，几乎完全失去了丰富的立体形象。当然，从照片中也是能看出某些立体形象来的，不过，从这种平面图形中能“看出”立体景物来，全凭实际经验。我们都有这样的经验：景物离得远，看上去就矮、窄、小，景物离得近，看上去就高、宽、大；而且，远景看起来淡漠模糊，近景看起来细节清晰；此外，前面的景物遮挡着后面的景物，近景和远景的明暗层次也有差异。依据这些特点，便可以从平面图般的照片上分析和辨别出景物的近远、高低和左右。

普通照相方法及其所得到的照片的这种缺点，现在能够克服了。现代科学技术为我们提供了一种能够捕捉景物一切可见性质的信息、获得三维立体照片的新技术——全息术。研究全息理论、方法及其应用的科学，称为全息摄影学或全息照相术。这是现代科学技术百花园中的一枝奇葩。

全息照相这位现代光学部门里的新成员，要认识它，还得从普通照相的“症结”谈起。本来，在人的眼睛里，周围景物都是立体的，可是普通照相机“咔嚓”那么一下子，就给照成平面的了。一个在具有长宽高三维空间中的六面体，在照片上却变成了扁平的只有长高或宽高二维的“平面体”，要想能够同时获得被拍照的物体的前后左右各个方面的像，就需要用多台照相机从不同的角度去拍摄。普通照相方法为什么不能够获得三维的立体像呢？这是因为，普通照相机的关键部件是一组透镜，透镜成像是透镜对人或景物的各个部位进行光的聚焦的结果。那么，如果去掉照相机的镜头，同样按动快门，那将会怎么样呢？结果是，照相底片上一片漆黑。原来，光是一种电磁波，表征电磁波状态的量有两个——振幅和相位。振幅的大小决定了光的强

弱，而相位的大小决定了光的瞬时特征。在没有透镜的情况下，曝光时间即使缩短至几百分之一秒，但比起光波的周期来，这段时间还是太长了。这时，照相底片记录的是光波在这么长时间内的平均结果，也就是说，光的强弱被平均了，而相位关系失去了。如果我们能在比一个光波的周期短得多的时间（$t<1.3\times10^{-15}\sim2.5\times10^{-15}$秒）内曝光，则没有透镜也能拍下景物的像。但是，这只是理论上的说法而已，因为如此短的时间是无法控制的，而且底片灵敏度太低了，如此短的曝光时间是不能使照相底片感光的。

全息照相方法和普通照相方法完全不同，它根本不需要透镜组来聚焦成像；全息照片也和普通照片完全不同，它所记录的不是被拍摄物体的光学像，而是一组干涉条纹。全息照片上记录的干涉条纹包含了振幅和相位的全部信息，因而没有普通照片那样的缺点。

全息照相所产生的奇异效果是人们所意想不到的。用全息照相方法所得到的照片，在适当的光照下，原来的景物就会再现在我们的面前。由于全息照片记录了景物光波的全部信息，所以再现出来的景象和原来的一模一样。全息照片再现出来的景象是如此逼真：使人产生身临其境之感，以至想走过去仔细看看，想伸出手去摸一摸。原来，全息照片十分逼真的立体形象，是普通照片包括立体照片所没有的。观察全息照片，就和观察实际景物一样，具有相同的视觉效应和同样丰富的信息内容。全息照片就像一个窗口，那些景物以其全部景深呈现在它的后面，如果我们把头抬起、低下或者左右移动，就可以看到景物的各个侧面，甚至可以看到一物体遮挡着的另一物体。这样一来，像“百日留影”那样，母亲为了扶住椅子上的婴儿而躲在椅子的背后，那可就藏不住了。如果拍摄的景物是一较大场面，那么，由全息照片再现出来的景象是远近层次清晰，深浅浓淡适中，栩栩如生，恰到好处，几乎无异于实际的场面。全息照片是真正的立体照片。这就是全息照相的第一个特点——真实性。

用全息照相方法所得到的照片，其妙趣不仅如此。全息照片还经得起“破坏性的打击”。全息照片的每一部分，不论有多大，都能再现出原来的整个景象，这就是说，可以将全息照片分成若干小块，每一小块都可以完整地再现出原来的景象。因此，如果全息照片被打破了，撕碎了，或者在某个案件中捕获到的是毁坏了的全息照片的残渣，总可以从一小块碎片重新复制出原样的照片来。全息照片为什么会这样“不可摧毁”呢？这是因为，照片上的每一点都接受到被拍摄景物的各个部分的反射光，在它的每一小块上都记录着景物的全部信息。从这个意义上来说，全息照片是非常“牢固”的，经得起任何擦拭、涂抹或毁坏，甚至撕破或敲碎，即使照片缺损了，也不会使再现的像产生失真。不过，如果将全息照片面积缩小，像的分辨率就会有所减小。由此可见，全息照片确实记录了景物的全部信息。这就是全息照相的第二个特点——全息性。

用全息照相方法所得到的照片，还具有很强的“个性”，采用什么方式拍摄的全息照片，必须用同样的方式去再现它、观察它。在同一张照相底片上，可以进行多次曝光，从而重叠很多像，其中的每一个像又不受其他像的干扰，能够单独地再现出来。例如，每拍摄一次，就把感光底片转过一个角度，然后再进行另一次拍摄记录，也就是说，采取角度编码方式拍摄，这样，在再现全息照片的景象的时候，全息照片每转过一个相应的角度，就会再现出一个被拍摄的景物的像。再如，对不同的景物采用不同角度入射的参考光束，即以参考光束编码方式来拍摄全息照片，则由于所得到的干涉图样随着来自物体的光束和参考光束之间的夹角大小而变化，因此，在全息照片上所记录的景物再现的时候，照片光束也必须采用同编码的参考光束一样的光束，相应的各景物的再现像出现在不同的“衍射”方向上，因而在各个不

同的地方组成了各个景物的独立的再现像。全息照相成像的这样的“个性”，为在同一张照片上存储大量信息创造了极为有利的条件。在全息照相过程中，用不着拍摄一次就更换一张感光胶片，各种各样的景物、多种多样的“镜头”都可以按照上述方式拍摄在同一张照片上。这样一来，一张全息照相“底片”可以复制出许许多多的全息照片来。显然，这不仅便于保存，而且便于携带。一张全息照片就是一本图书，一盒全息照片就是一个信息库。这就是全息照相的第三个特点——容量大。

用全息照相方法所得到的照片，易于复制。全息照片的复制品和原照片的再现效果完全一样，可以说，全息照片没有“正片”与“负片”之分。我们知道，普通的照相底片，其影像是和实际景物相反的：景物上白的部分，底片上是黑的；景物上黑的部分，底片上是白的。为了得到跟实际景物相同的像，还必须把底片上的影像转到照片上去，即将冲洗好的底片覆盖在印像纸上，在印像机上加以曝光，然后进行显影和定影，才得到同实际景物一样的照片。通常将底片叫做“负片”，而将由负片复制出来的照片称为“正片”。如果用接触法复制新的全息照片，那么，就和普通照相方法中由底片（负片）复制出照片（正片）一样，使原来透明部分变成为不透明的，原来不透明部分变成为透明的。虽然复制的全息照片和原来的全息照片“黑白”颠倒，但复制片再现出来的像仍然和原片的像完全一样。这就是全息照相的第四个特点——“正”“负”一样。

巧妙的摄制方法

全息照相具有如此惊人的技艺，然而，谁能想到它竟沉睡了很久……

早在1948年，英国伦敦大学的博学多才的科学家丹尼斯·伽伯，在改进电子显微镜的分辨率的过程中，曾经做过这样一个实验：用一束单色光照射物体，将照相底片放在物体反射光经过的路上，同时用另一束光照射底片，这两束光便在照相底片上发生了干涉现象。冲洗之后，就得到了一张带有一些复杂的干涉花样的照相底片。他把这样的照相底片称为全息图。他用一束相干光照射全息图，奇异的事情发生了：观察到了一种十分逼真的物体的立体像！这就是全息照相的开端。丹尼斯·伽伯由于提出了全息概念，而获得了诺贝尔物理学奖。但是，那个时候，由于科学技术发展的水平所限，当时还缺乏很好的单色光源，因而实验是很困难的，结果也不够理想。一直到20世纪60年代初期，出现了激光技术，拥有了极好的相干光源，从这个时候开始，全息照相术才得到了迅速发展和广泛应用。

我们知道，光是电磁波，如上面介绍的，决定波动特性的参数有两个——振幅和相位。振幅表示光的强弱，相位表示光在传播过程中各质点所在的位置及振动的方向。因此，光的全部信息应当由振幅和相位这两个参数共同来表示。然而，以往在照明工程中和成像问题上，都没有采用光的波长、振幅、相位等波动的概念，而只是沿用了经典的光线光学的概念，即用纯粹几何光学的方法来进行研究。这种传统的方法，虽然很方便而且实用，但它却仅仅是一种近似的方法。尽管如此，这种几何光学方法，在光学的形成、发展和应用的历史进程中，毕竟是一个不可缺少的部分，作出了极其重要的贡献，直至今日，它仍不失为现代物理学和现代光学中的一个基础组成部分。

照相技术、电影技术、电视技术都是依据几何光学的原理，利用透镜光学系统成像来摄制，因而使丰富的立体的景物完全塌落成像于感光材料上，然后在照相纸、银幕或荧屏上再现出原来景物的平面像。

长期以来，人们已经习惯于看这种被压缩在一个平面上的实物影像。在银幕上或荧屏上，电影演员和电视广播员的形象是很优美动人的，但是，这些影像在任意瞬间和照片并没有什么不同，仍然是平面像。这就是因为，在普通的照相、电影、电视摄影中，仅仅是记录了光的强度，表现为照片、电影胶片或荧屏上的黑白反差，而对于相位则不能加以分辨。也就是说，普通摄影只记录了来自景物的光波强度（振幅）信息，而未能记录来自景物的光波相位信息。

激光出现以后，有了理想的单色光源。利用激光全息干涉法进行摄影，既能记录光波的振幅信息，又能记录光波的相位信息。这种记录光波全部信息的照相就是全息照相。它包括两个部分：一是将景物包括振幅和相位的全部信息的特定波面记录下来，二是要在观察时再将原来的特定波面重新显现出来。

记录光波的振幅，这已在摄影技术中得到解决，现在的问题是，解决如何记录光波的相位。我们采用的记录光波相位的方法是光的干涉。譬如说，可以将一束具有恒定相位的光束（球面波或平面波）作为参考光束，让它和来自物体的光束发生干涉，将这种相干图像记录下来。

那么，全息照相的过程如何？全息照片是怎样摄制出来的呢？

全息照相的整个过程分为两步：第一步是拍摄全息照片，称为波前记录；第二步是再现全息图像，称为波前再现。

拍摄全息照片如图 6－1 上图所示。先将一支足够强的激光分成两列光波：一列光波照射到物体上之后，从物体上反射的光波射到感光胶片上，这列光波叫做物体光波；另一列光波直接射到感光胶片上，或经由反射镜改变方向之后射到感光胶片上，这列光波叫做参考光波。物体光波和参考光波在感光胶片上相遇，便发生干涉，形成全息图形，经过显影和定影就得到了全息照片。全息照片上记录的是许多

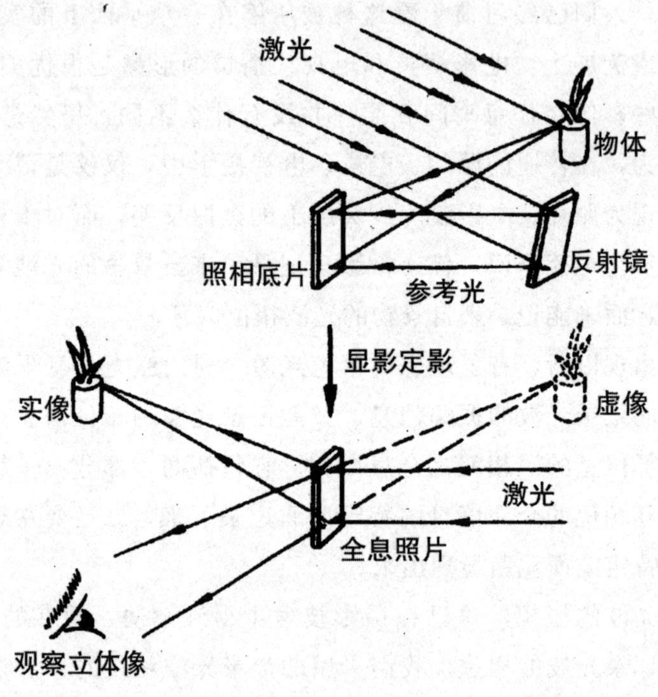

图 6－1

明暗不同的花纹、小环和斑点之类的干涉花样。干涉花样的形状记录了物体光波和参考光波之间的相位关系，而其明暗对比程度（反差）则反映了光波的强度（振幅）关系。光波越强，反差越大。这样，就将物体光波的全部信息记录下来了。由这里可以看出，全息照片和普通照片完全不同：普通照片靠黑白或色彩的反差，仅仅记录了光波的强度，即只是记录了光波的振幅；而全息照片的干涉图形则以一种特殊的形式，记录了振幅和相位的全部光学信息。这些光学信息，不仅有来自景物正面的，而且还有来自景物的其他可见的部位的，这就是说，也有来自被障碍物遮住的景物的一些部位的信息。因此，这样的全息照片能够再现出所记录的同原景物一模一样的三维立体景象来。

此外，还可以看出，拍摄完毕并经过冲洗的感光胶片——全息照片，既是底片（负片），又是照片（正片）。全息照相没有普通照相过程中由底片印制照片的工艺过程。当然，如果需要复制的话，那么，如前面讲的，可以用这张全息照片作为底片，采取接触法复制出新的全息照片，虽然复制片和原照片“黑白”相反，但复制片再现出来的像，仍然和原来的全息照片再现出来的像是完全一样的。

再现全息图像如图 6－1 下图所示。将一支同样的激光，以一个与拍摄时参考光波相同的角度照射到全息照片上，则会被照片上的干涉图样“衍射”。这时，全息照片变成了一个反差不同、间距不等、弯弯曲曲的光的“栅栏”（光栅），于是出现一系列衍射波。其中，一列一级衍射波和物体在原位置发出的光波完全一样，构成了物体的虚像；另一列一级衍射波与原物体光波的曲率相反，原来的发散光变成了会聚光，因而构成了前后倒置的物体的实像。这个实像，可以用感光胶片拍摄下来。

全息照相也可以用于人或景物的拍照，不过，在拍照时，要以某种激光代替聚光灯或自然光；而在获得照片之后，要在照片镜框上镶上一个精巧的激光器，既作还原光源（使景象再现），又是装饰品，则可观察到立体像。

处处有用武之地

在一次文物展览会上，一些全息照片吸引了无数观众。这些全息照片，将那些极珍贵的文物以及那些不可能搬进展览馆里来的古迹遗址等，以逼真的立体形象重现在观众面前，似乎真实文物就在眼前，犹如身临古迹遗址之中，难怪人们不断发出赞叹之声。

这是全息照相的影像立体性的直接应用，叫做立体显示。除了文物，精雕细琢的艺术品、多种多样的标本和模型等都可以拍摄成全息照片，供展览会、博物馆、商店作展出品或陈列品，还可以作为建筑物、家庭和人们衣着的绝美的装饰品。用全息照相方法制作的模型和标本，是学校教学中难得的生动而直观的教具，使学生如同眼见实物，亲切地体会到实际情景。在科学研究上，等离子诊断、高速运动物体和流体都要用全息照片来进行立体显示，X 射线和 γ 射线所得到的透视照片或断层照片也要靠合成全息照片来进行立体显示。全息照相使人们可以将那些看不见、摸不着的冲击波、热振动、超声波、微波、电子射线等拍摄下来，用立体显示方法进行观察和分析。

在光学仪器制造中，如今又有了一种获取具有各种光学功能的新型光学元件的手段，这就是全息照相制造方法。具有各种光学功能的全息图片，叫做全息光学元件。例如，全息光栅就是最有用途的一种全息光学元件。光栅有长的和圆的两种类型，它们实际上就是刻线间距很小的标尺或度盘，特点是线条长而间距小，多数为线条和间距等宽的。光栅是数字式仪器仪表、数控机床和精密机床中实现数字显示的关键元件之一。我们知道，数字显示仪表能够迅速而准确地提供数据，是现代科技部门中的一位重要成员。光栅是在精确计量与检测中实现数显的难得之宝，在国内外受到极大的重视。光栅技术在生产和科研中的应用，有利于实现加工、测量和控制的自动化，读数数字化，而且能够进行动态测量，最后将结果自动地记录、打印出来，既提高了测量精度，又提高了工作效率。但是，光栅的制造，目前还主要是靠机械刻划、投影光刻和照相复制等方法，如果能大量地采用全息照相技术制造，无疑将大大提高制造的效率。全息光栅的制造原理如前面所讲的，是采用激光器发出的两束相干平行光，即一束物体光束和一束参考光束，在感光干板上产生干涉条纹，经显影和定影后而得到

透明和不透明相间条纹构成的全息光栅。全息光栅和刻划光栅相比，具有无鬼线、像差小、分辨本领高、杂散光很少等优点。

在工业和科研检测方面，全息照相和干涉测量方法结合而形成一门崭新的测量技术，叫做全息干涉度量学。它的实质就是：利用全息照相能够真实地记录和显现原物体形象的本领，把一个物体变形前后的两个形象作光波的干涉比较，从而能够对任意形状和表面状况的物体进行长、宽、高三维测量，精度可以同光的波长相比。我们知道，波长多么短小啊，可见测量精度是极高的！全息干涉度量方法用途十分广泛，例如，可以对轮胎、制动器、蜂板结构、涡轮叶片、建筑材料、声学器件、桥梁和水坝模型及其他物体进行无损探伤、无损测量，并进行应力分析和振动分析，就像给人做身体检查，不必开刀破肚，而是整体检查。

在光学信息处理和存储技术领域，激光全息照相的问世，使光学信息处理这门古老的学科返老还童，青春焕发。特别是近几十年来，光学信息处理发展极为迅速。就拿利用光学方法作图样识别来说吧。人对外界事物有识别能力，譬如说，亲友久别重逢，一见面就会发现对方的变化：瘦了或胖了，长高了，脸晒黑了，等等。将记忆中的事物同新观察到的事物相比较，找出二者的相似与差别，人的这种识别能力是很强的。这是因为，大脑所能存储的事物相当之多，即使大脑中某一部分受到损伤也不会破坏这些记忆，再加上人身自带的锐敏的光学仪器——眼睛能够准确而充分地提供信息，因此，对于相似与差别的比较识别可以同时迅速地完成，这是目前任何机器都无法比拟的。然而，由于现代科学技术的迅猛发展，人工判读和识别已经远远不能满足要求了，必须寻求自动化的判读和识别的方法及设备。众所周知的电子计算机的图样识别，由于识别方式和人眼——大脑的识别过程不同，加之存储量和计算速度都有限，仍然不能满足需要。由于这个缘故，人们又想到了光学信息处理和存储技术。光学系统是传递和变换信息的一种极好的工具。一景物同时被成像和被变换，这与人眼和大脑识别外界事物的情况是相近的。用光学方法实现图样识别，就是靠的全息照相技术。光学全息图样识别已经在许多方面得到应用。就拿汉字检索来说，它1分钟能检索汉字300～500个，这是人工检索无法比拟的！此外，指纹的自动识别，对于破案是很有用的；导弹上装上图样识别装置，就像长上了眼睛，能够自动寻找目标；图样识别在医学上应用，可以帮助医生发现患者的早期病变。除了图样识别，还有图像规整、图像改善和增强、信息存储编码和成图技术等。目前，光学信息处理正在广泛地用于地球资源考察、森林普查和防火、农作物生长情况和病虫害防治、军事侦察、探矿、环境污染监视、测试雷达、医学诊断、提高各种成像系统的分辨率、文字检索和辨认。

在信息存储技术之中，全息存储的潜力最大。如上面讲的那样，全息照相所给出的全息图片最不怕挫折，具有不怕擦伤、不怕涂污、不怕撕破的优点，因而在它上面存储信息是非常可靠的。如果采用厚记录材料作存储介质，那么存储容量是非常巨大的，比其他任何方式所能达到的要高出几个数量级。

在洞察微观世界的窗口，全息照相为之增添了明镜——全息显微术。人们用普通的显微镜观察微小物体受到了焦深短的限制，因而想到将全息术引入，得到的全息显微镜的焦深可以达到1厘米左右。因此，全息显微术特别适用于观察微生物和悬浮粒子等微小目标。此外，如果采用极短的光波（如X射线）的全息照相，那么，我们就能够直接观察到分子和原子的结构。

光学全息照相又和电子计算机结成了良缘。我们知道，数字电子计算机有很好的通用性、很高的精度和灵活性。光在空间的传播可以用电子计算机进行模拟计算。全息照相的两步成像过程，电子计算机

是可以模拟计算的。用电子计算机做波前记录，叫做计算机产生全息图；用电子计算机做波前再现，叫做计算机全息图再现。利用计算机产生全息图技术，能够制造出实际上还不存在的抽象物体的全息图，制造出各种无法用光学方法获得的器件，这对于工程设计和非标准加工都十分有用。利用计算机全息图再现技术，可以对由声波或电波形成的全息图进行“实时再现”，这样，就有可能显示出水中、地下及不透明固体内部的情况。

全息照相还使雷达技术产生了变革，出现了一种新型的雷达——全息相干雷达。我们知道，雷达又叫做无线电定位仪，是用微波来确定目标的距离、位置及运动状态的设备。普通微波雷达测定距离、方位和角度的精度都很差，还容易受地面假回波影响和各种电磁波干扰。激光出现后，人们研制出了激光雷达，它不仅可以测出目标的距离和方位，还可以测出目标的运动速度和加速度，测距范围宽，测定精度高，抗干扰性能和保密性能好。从前面讲的全息照相的原理和过程可以看出，全息照相并不是普通照相术的一个变种，而是一种根本上全新的过程。这里再次强调指出这一点是很重要的，因为雷达利用了普通照相术的一些性质，而新型全息相干雷达则突破了这些传统的局限性。在相干雷达中，高度相干的微波发生器给出照射地形信号，同时，这个发生器也作为参考波发生器。当飞机飞行时，从飞行路线上每一点接收到的反射信号与这个参考信号合在一起，便产生了一个相干图样，转变成光的图样并用照相方法记录下来。这个记录就是一种全息图，用激光加以处理可以再现该地形。

七、巨大的潜力

激光技术的崛起和发展，像近代史上的蒸汽机、电机、原子能和电子计算机的产生和应用那样，终将把人类社会的生产力推进到一个新的更高的水平，所蕴藏的潜力是巨大而不可估量的，它正等待着人们去挖掘，去开拓……

发出“死光”的枪炮

激光一问世，便有了一个骇人听闻的绰号——死光。这是因为，聚焦的激光是一种能量异常集中的光束，能够产生几千度、几万度的高热，被光束照到的钢铁或岩石瞬息就会消融、汽化、蒸发。利用激光制成的激光枪、激光炮威力强大，成为杀伤敌人兵力、摧毁敌人装备的有力武器。因此，许多国家都十分重视激光武器的开发和应用。

下面是激光战演习的一个镜头：

在美国加利福尼亚的莫哈维沙漠里，常驻着一支 1200 人的“敌方”精锐部队。他们穿着俄国军装，装备精良，甚至装备有“谢里登”

式美制坦克巧妙改造成的俄国 T－72 主战坦克。美国的部队一而再地同这支“敌方”部队进行对抗作战。整个战役，只使用激光武器，双方使用的坦克、火炮、机枪和步枪，都装有设计新颖的激光系统。每发一枪，激光脉冲就射向目标。如果射线击中“蓝军”或“红军”士兵钢盔上和车辆上的“黑纽扣”（硅传感器），便“致敌人于死命”。士兵被打“死”，传感器便发出响声；车辆被击中，传感器就会发出闪光。不管是人还是车辆，被完全击中，就不能再继续“参战”。在远离战场的地下参谋部里，军官们眼睛直盯着电视监视器和电子计算机荧光屏，看到激光战的非常真实的场面。在电子计算机地图上，被击中的人员或车辆迅速地打上黑框，他（它）们死了，坏了。其实，这是一场不流血的战斗，使用的激光枪、激光炮的激光能量非常弱，打不死人。

激光枪和激光炮是利用激光器输出高能量激光束制成的一种激光辐射武器。这种武器，不仅可以用来烧毁敌人的汽车、装甲车、坦克等一般的低速战争目标，而且可以用来烧毁敌人的巡航导弹、弹道导弹、军用卫星等高速飞行的目标。

激光枪和激光炮不发射普通枪、炮所使用的那种金属枪弹、炮弹，而是发射“光弹”——强大的聚焦激光束。这种“光弹”没有质量，向射击目标飞去时不会向下坠落，也就是说，“光弹”不像普通枪弹那样沿抛物线向目标飞去；而且激光枪、激光炮射击时不会产生普通枪炮那种“后座力”；“光弹”是以光的速度向射击目标飞去，每秒钟飞行 30 万千米，可以说，激光枪、激光炮一发射，“光弹”离开枪口或炮口，即刻到达射击目标，因而在瞄准射击目标时不需要有提前射击量，射击运动目标的命中率要比普通枪炮高得多。

激光枪和激光炮发射的是“光弹”而不是“金属弹”，不需要装弹，只需要更换一种弹药筒状的激光源——激发产生激光的装置。例如，激光手枪是采用以脉冲方式工作的红宝石激光器，红宝石和为激发红宝石产生激光而提供化学激发能量的蓄电池都装在“弹药筒”里，这种“弹药筒”更换十分方便。

激光枪是一种很厉害杀伤武器。可以利用激光枪来射击敌人的眼睛，强力的辐射光线经眼睛的晶状体聚焦到视网膜上，便使眼睛受到严重伤害，甚至失明。由于激光辐射的脉冲非常短，所以是很难预防的。因此，激光枪可以杀伤敌人，使敌人丧失战斗力。

为了保护眼睛，人们正在研究一种防激光变色眼镜。这种眼镜是在前后两块透明玻璃间充满一种“变色液体”构成的。当激光光线照射到眼镜上时，其中的液体瞬息即改变颜色，由透明变成不透明。这种液体，是由溶剂、染料和能控制反应速度（即变色速度）的酵素组成的，对可见光和紫外线的反应速度比人的眼睛快几千倍，能够在10微秒之内改变颜色，变成不透明的。激光照射之后，经过几毫秒，液体又变成透明的。因此，这种激光变色镜变化灵敏，是保护眼睛的得力盾牌。

激光枪和激光炮除了可以杀伤敌人，也可以烧毁敌方设施，点燃敌方弹药等爆炸物，还能够在几百米内将敌人装甲车和坦克烧穿摧毁。

大能量输出的“激光炮”可以在防空装置和反导弹装置中作为击落敌方飞机和导弹的武器——激光迎击导弹系统。“光弹”以光速飞行，比普通导弹迎击武器速度快1万倍。为了在敌人导弹飞到预定目标之前，半路上截击、破坏敌人导弹，必须彻底破坏敌人导弹的控制系统。利用激光束可以使运载导弹火箭主体和它的舵机穿孔，因而是迎击和破坏敌人导弹的十分有效的方法。

激光迎击敌人导弹系统是这样工作的：在这种系统中，信号接收装置收到早期警报雷达和目标跟踪站发来的信号，这个信号报告了有关敌人导弹正在飞来的情报，接着，激光雷达测得非常准确的敌人导

弹的位置，于是，具有大功率的激光器的迎击导弹装置开始工作，使激光聚焦，强烈的激光束立即发出并照射到敌人导弹的薄弱部分，照射足够的时间，使敌人导弹穿孔。这一切都是在极短的时间内发生的，因而敌人导弹迅即被破坏掉。

为了得到具有足够的能量密度和足够长的照射时间的激光束，迎击导弹系统还有许多技术问题需要解决。

人们还研究把激光应用到半自动诱导系统中去。在这种情况下，激光光线不破坏敌方目标，只是对准目标照射过去，然后战士操纵特殊设备使枪弹或炮弹沿着光线发射出去。当枪弹或炮弹击中敌方目标后，激光束又改变方向，去照射其他的目标。由于细细的激光束具有极好的方向性，因此诱导枪弹或炮弹的精度是很高的。这种方法，可用于反坦克炮弹的控制。

在空间战争中，激光将显示强大的威力。一场核大战爆发时，成千上万的装有核弹头的洲际导弹进入战场，必须在短时间内将全部核导弹摧毁。如果漏掉一个核导弹，那就意味着自己的毁灭。这就要求，在空间建立多层战略防御网，设置以卫星为基地的多种星基武器站，把所有的敌方的导弹在进攻过程中都摧毁。在这样的空间战争中，“激光炮”是最理想的反导弹武器，因为激光以光速攻击，速度快，能量大，命中率高，可以重复发射，能够随时转换攻击目标。从目前发展的情况来看，最有希望用于空间战争的激光武器，可能是采用核能作“泵浦”的X射线激光器、自由电子激光器和高能化学激光器。这些新一代的激光武器正在进一步研究开发。

在太空激光战中，激光显示出无与伦比的神通。说到太空激光战，似乎是遥远的未来的事情。其实不然，在苏联还没有解体时，美国和苏联两个超级大国之间已经悄悄地开始进行太空激光战。美国为了搜集苏联的军事情报，发射了超尖端间谍卫星，频频地经过苏联重要航天中心的上空，昼夜不停地监视着苏联的导弹和宇宙飞行器的发射情况。针对美国间谍卫星的活动，苏联部署在萨雷萨甘的陆基激光器几年间一直处于战备状态，而且在塔吉克的努列克地区、苏联最南部的高加索山脉地区建造几个激光中心，对飞过苏联上空的间谍卫星发射激光，使那企图细看苏联秋拉塔航天中心的发射情况的间谍卫星上的光学设备变成“瞎子”。苏联的激光武器使美国的昂贵的卫星失灵，美国人十分恼火，便以其人之道还治其人之身。美国也把安装在毛伊岛、瓦胡岛、夏威夷岛和加利福尼亚州的陆基激光武器对准苏联的间谍卫星，用激光照射企图在加州范登堡空军基地上空观察美国导弹发射情况的间谍卫星和其他的苏联间谍卫星，破坏间谍卫星上的传感器，并对前苏联卫星进行电子干扰，阻止它传输有关美国武器试验的侦察资料。

此后，美国在侦察卫星上装备更先进的摄像机和传感器。利用这些新设备，侦察卫星能够辨别伪装物。我们从电影或电视里，见到过战争中战士头戴柳条圈伪装的情景，如今战士、汽车及其他军事装备大多采用人工塑料造的柳条树叶。美国侦察卫星新设备可以对人造的伪装物和真正的植物进行鉴别，甚至可以探测到隐蔽在地下的导弹仓库。而且，侦察卫星上的摄像机和传感器，还可以拍摄和传输在夜间行驶的坦克纵队的视觉图像，分辨出敌方战士坐在装甲车旁吃橘子的情景。因此，这种侦察卫星可以执行重要的军事任务，包括对世界热点地区进行新闻报道，监视对方军事行动和武器装备情况。此外，美国针对苏联实施的日益加剧的激光攻击战术，在低轨道卫星上安装一种激光报警接收器，可以为卫星避开激光提供开启摄像等设备的行动时间，并帮助地面控制系统查看卫星的受损情况，确保侦察卫星维持其生命力……

创造一个新太阳

做饭、取暖要烧煤，汽车、飞机要用油，照明、家电设备和开动机器都需要电……煤、石油、天然气等矿物燃料及各种发电手段（热电、水电、核电）是人类生存和社会进步不可缺少的能源。

能源是发展农业、工业、国防、科学技术和提高人民生活水平的重要物质基础。人们从 18 世纪就开始进行能源科学技术研究活动，而且取得了 3 次重大突破：蒸汽机动力的发明和普遍应用引起了产业革命；电力的发明和应用使人类生产进入电气化时代；原子能的发明和应用标志着社会生产开始进入“原子能时代”。能源科学技术的每一次重大突破，都引起人类社会生产技术的一次重大革命，把社会生产推进到一个新的更高水平。

现代生产和社会的发展，对能源的需要量越来越大。为了解决能源问题，一是要开源，二是要节流。开源，就是在开发利用煤、石油、天然气及水电等传统能源的同时，重视开发利用风力、潮汐、太阳能、地热能和原子能等新能源。节流，是指节省传统能源的使用，提高使用效率。

原子能是最富魅力的新能源。铀原子裂变现象的发现，揭开了原子能利用的新时代。自 1957 年英国建成第一个工业原子能反应堆以后，几十年来，世界上原子能发电技术发展很快，已经建成运营的各种类型原子能电站有数百座。

1991 年 12 月 15 日凌晨，我国大陆第一座核电站——秦山核电站并网发电。这是我国自行设计、自行建造的 30 万千瓦的核电站。这座核电站位于浙江省海盐县秦山北麓，每年可向上海、浙江、江苏、安徽一带的华东电网输送电15亿度，将在一定程度上缓解我国这一经济最发达地区的用电紧张状况。秦山30万千瓦核电站电机组采用了技术成熟的压水型反应堆，目前世界上只有少数几个国家能够自行设计、建造这种类型的核电站。这座核电站建成、并网发电成功，是我国和平利用原子能的一项重大成就。

原子能的利用，可以分为两类：一类是利用中子轰击铀原子核，使铀核分裂成为两块，释放出裂变能；另一类是使氢的两种同位素氘和氚核聚合在一起，释放出聚变能。核聚变反应释放出的能量要比核裂变反应释放出的能量大得多。

核裂变反应可以用于制造原子弹，也可以用于建造核电站。核裂变反应的主要燃料是经过精炼的铀的同位素铀235。1千克铀235所放出的能量大约相当于2000吨好煤。即放出能量要比煤大200万倍。但是，铀235在天然铀中只含有0.7%，而占99.3%的铀238不能产生裂变反应，天然铀资源的利用率太低，而且，天然铀资源在地球上的储量也很有限，因此，由核裂变来获取能量（如用于发电）不是长远之计，人类的希望寄托于核聚变获取能量。

核聚变是太阳和其他恒星上正在发生的反应。核聚变反应的主要燃料是氢的同位素氘和氚，这两种原子核高速碰撞聚合成较重的氦原子核，并以产生高能粒子的形式释放能量。氘和氚聚变反应时放出的能量，比普通物质碳原子燃烧放出的能量大百万倍。核聚变的燃料氘可以从海水中提取，每升海水中含有0.03克氘。一升海水中的氘完全燃烧后产生的能量，相当于100～300升汽油燃烧所产生的能量。地球上仅在海水中就有45万亿吨氘，取之不尽。至于说核聚变的燃料氚，可以利用储量丰富的元素锂在聚变堆中再生，只要核聚变反应进行下去，氚就会再生出来，用之不竭。因此，如果把海水中的氘利用起来，能量够人类使用亿万年，将永远不用为能源问题发愁。把核聚变产生

的能量转换成热能并用来发电，人类就能实现核聚变发电，从而获取用不完的电力。正是这样，核聚变给人们展示了一幅极其诱人的前景，半个世纪以来，世界上许多科学家都为之奋斗。

核聚变并不陌生：氢弹爆炸就是一种核聚变反应。但是，氢弹爆炸的巨大能量是在一瞬间释放出来的。氢弹爆炸式的核聚变反应，简直就是无羁的“核野马”，一发而不可收拾。这种核聚变产生的能量是人力无法控制、无法应用的。那么，怎样才能使“核野马”驯服，使它在人的控制下老老实实地工作呢？科学家们的目标是：实现受控核聚变。

受控核聚变是这样一门学问：怎样能够控制核聚变反应，使核聚变在人的控制下持续地进行下去，把核聚变产生的能量慢慢地释放出来，转换成热能、电能及其他形式的能量，造福于人类。

实现受控热核聚变，必须具备如下必要条件：要把氘和氚加热到几千万度、几亿度的超高温，这时，燃料变成物质第四态——等离子体形态；要使等离子体粒子密度达到每立方厘米 100 万亿个；还要能够使等离子体控制约束 1 秒钟以上。这就是核聚变“自发点火”的条件，只要点着了“火”，然后每秒钟补充约 1 克的燃料，热核聚变反应就能够持续下去。

那么，用什么来“点火”——怎样才能满足受控热核聚变的条件呢？人们想到了强磁场、电子束、离子束等种种办法，但最有希望的要数高功率激光了。

高功率激光技术是实现激光受控核聚变的关键，各国科学家都在这方面倾注全力攻坚。下面是我国“神光”实验室的一个镜头：

“轰——”5 声“嘟嘟”发令声过后，6 个荧光屏上突闪一道强光，同时传来这振奋人心的一声巨响。两束高功率激光同时打中含有氘氚的靶球，一瞬间产生千万度以上的高温，引起类似氢弹爆炸的核聚变反应，喷射出巨大的能量。这是被誉为“神光”装置的一次成功试验。

“神光”是怎么发出如此奇功的呢？原来，它是一组庞大的高功率激光系统，由成百台光学设备集合成，占地达2000平方米。在这样的系统中，激光经过10多级放大，瞬间输出功率高达10亿千瓦，比全国总发电功率还要大许多倍。这种强光束在十亿分之一到百亿分之一秒的极短时间内发射出来，经过光学系统的高度聚焦，打在直径0.1毫米的燃料靶球上，使物质产生千万度的高温、千万个大气压的冲击波和反冲力，从而引起氢弹爆炸那样的核聚变反应，释放出比化学反应大百万倍的能量。

“神光”实验室座落在嘉定科学城的上海光学精密机械研究所院内，是我国光学高技术领域里的重大科研实验设施。我国高功率激光技术已跃居世界先进水平，正在向激光受控核聚变这座科学攻坚的高峰攀登。

受控核聚变一旦实现，将首先用于建造新型的聚变类型的核电站。核聚变发电比核裂变发电安全得多：核聚变反应堆的放射性物质被固定在反应堆构造物间，不会逸入空气或随冷却水渗漏出去；同时，这类放射性物质的“半衰期”很短，比起核裂变反应堆来，放射性物质的减少要快得多，不会大量产生污染环境的放射性物质。而且，核聚变燃料在反应堆反应过程中，每秒钟只投入大约1克，如果有不测事故发生，可以不失时机地停止供给燃料，反应堆便会迅速关闭，不致发生灾难性事件。

激光受控核聚变将是人类的既安全又清洁、取不尽用不完的新能源。它的实现，等于人类创造出一个新太阳！

给科学插上翅膀

激光在物理学、化学、生物学、地球物理学、天文学、空间科学和宇宙学等基础学科上的应用，使这些学科如虎添翼，更迅猛地向前发展。激光能够产生超高温、超高压、超高速、超高场强、超高单色性等一些极端物理条件，作为一种强有力的技术手段，使人们可以对一些重大的目前已有的理论和尚未完全解决的问题，进行新的实验和验证，从而不断取得新发现、新突破、新进展、新成就。

在物理学上，科学家们利用激光验证伟大科学家爱因斯坦早在1905年提出的“狭义相对论”。

爱因斯坦的“狭义相对论”认为：光速是一切物质运动速度的极限值，没有任何物质运动的速度可以超过光速。这一假说是建筑在迈克耳逊—莫雷所进行的否定“以太”存在的实验的基础上的。

前面介绍过：1678年，荷兰物理学家惠更斯提出“以太”理论，认为光是在充满整个空间的特殊媒质“以太”中传播的弹性波动。我们生活的空间里真的有什么“以太”吗？1887年，迈克耳逊和莫雷为检验“以太”进行了干涉实验，结果完全否定了“以太”的存在。激光出现以后，人们利用激光再次进行了迈克耳逊—莫雷实验，精度提高了1000倍。科学家们认为：假定有“以太”存在，那么气体激光的工作频率在“谐振腔”中应随着光相对于“以太”流的传播方向不同而改变，这种在“谐振腔”中的光速的变化（或波长的变化）可通过激光频率的变化来观测。科学家们实验观测的结果是：尽管使激光器相对于假想“以太”流的各种方向辐射，激光的工作频率始终不变。这就是说，“以太”根本不存在。在这个实验中，科学家们采用0.03

毫米/秒的精度证实光的速度是恒定不变的，这样，利用激光再一次验证了爱因斯坦的相对性理论。

狭义相对论的正确性，似乎已经确定无疑。然而，光在真空中的传播速度（约为每秒 30 万千米），真的就是物质运动的最高速度、能量传播的极限速度了吗？几十年来，对于这个“光速极限”问题，还是不断有人提出异议来。1962 年，物理学家比兰纽克等人提出了超光速的第三类粒子的新概念。1967 年，美国物理学家范伯格进一步阐述了超光速粒子的概念，并把这种粒子命名为“快子”。他认为，这种快子，在光速情况下具有无限大的能量和动量，当它失去能量时，速度就增加，直到能量降到零，速度则升到无限大。

奇异的超光速的快子在哪里呢？多年来，一些物理学家进行了实验探索，他们寻找快子的一种途径，是利用快子能够放射出契伦柯夫辐射。契伦柯夫辐射是一种电磁辐射。1934 年，苏联物理学家契伦柯夫发现：在一种透明媒质中运动速度比光快的粒子会拖出一种蓝色的光尾来，其尾迹的角度大小取决于这种粒子在该媒质中的运动速度比光在同一媒质中的传播速度大多少。这种超光速运动的粒子所发射出来的蓝色光辐射，就被称为“契伦柯夫辐射”。一些物理学家认为，在真空中，以超光速而运动的快子，也会发出光尾来。只要能探测出契伦柯夫辐射，就能够找到和证实快子的存在。为了探测快子，物理学家还研制了一种特殊的契伦柯夫探测器，用来探测契伦柯夫辐射，测定它的强度和方向，从而计算出粒子的速度。

物理学家们甚至还描绘了快子运动的宇宙环境，它是不同于我们这个宇宙的另一种宇宙。

在我们这个宇宙里，一个物体运动速度在任何条件下都不可能超过光速。一个物体如果不运动，它的能量等于零；当它得到能量的时候，运动速度将会越来越快；而它得到的能量为无限大时，运动就被

加快到光速。这个宇宙叫做“慢宇宙”。

在另一种宇宙里，一种粒子运动速度在任何情况下都是超光速的。这种粒子就是快子，它以无限大速度运动时，所具有的能量为零；而它得到能量时运动就会减慢，得到的能量越大，运动速度就越低，当它得到无限大的能量之后，运动速度就会降低到光速。这个宇宙叫做“快宇宙”。

科学家认为，可能存在着一种并不违反爱因斯坦理论的快子，这种快子构成了一个不同于我们这个宇宙的“快宇宙”。

超光速粒子或快子是否存在？光速是否可以被逾越？这个问题，正期待着人们去探索。

激光技术为科学家们研究超光速运动问题和光子静止质量问题，提供了一种新的技术手段，使人们有可能进行对狭义相对论的更深入的探讨，以至利用激光技术创造必要的条件，有可能进行有关广义相对论的重大原理性实验。

在化学上，科学家们利用激光有可能激活化学过程，加速化学过程，使化学反应往某个预定方向进行。

我们知道，化合物是由分子组成的。分子又是由原子组成的。分子中的原子都处于振动状态，在强光照射下，原子的振动幅度就会加大。由于普通光源发出的光包含有多种波长、不同频率的光，因而对各种频率的振动都起作用，这样，在普通光的照射下，多个原子的振动振幅都被增大。当十分强烈的普通光照射到分子上时，有几个原子的结合可能就被切断，分子就产生了分解。不过，这种情况并没有多大用途。如果能够按照人们的预期目的去切断某个原子的结合，就可以改变分子的结构，制造出人们预定计划中的分子，那意义可就大了。

我们自然会想到，激光是一种光强度大、频率单纯的“利刃”，或许能帮助人们切断某个预定的原子的结合吧？不错，是要靠激光。可是，要实现上述的设想也有其特殊的困难：切断原子结合的必要的激光频率，只有利用以同种原子作为工作物质的激光才能获得，这却是不一定能做到的。因此，必须进一步研究获得必要的频率的方法。

如果将一种与化合物中分子振动频率相同的强力激光照射到分子上去，激光的频率正好与分子的结合能相对应，激光的强度又足够大，激光光线只作用于某个预定的分子结合，那么，这个预定的结合就会被切断，而其他的分子结合不受影响。这样，化学结合被有选择地切断，化学反应就有可能朝着预定的方向进行。或者，为了得到预定的化学反应，改变所使用的激光的频率，也可以同时使用几个不同频率的激光，从而获得新的化合物。

实验表明，激光在常温、常压和不采用催化剂的条件下，具有诱发化学反应和增强化学反应的效果。激光分离同位素是激光在化学领域中应用的突出例子。同位素在生产、科研中用处很大，但在自然界里，同位素是以同位素混合物的形式存在的。例如，天然铀主要含有铀235和铀238两种同位素。要把铀235和铀238分离开来，采用通常的方法，成本十分高昂；利用激光分离同位素方法，分离系数高，成本低得多。铀235是原子能发电燃料和原子弹制造填料，但铀235在天然铀中只占0.7％，要用作发电燃料需要浓缩到3％，用作原子弹填料需要浓缩到90％以上。采用通常的扩散法进行浓缩，需要上千级扩散装置，设备庞大，耗电很多。利用激光浓缩法，一次把铀浓缩度提高60％，使分离工厂规模和占地都大大减少。

艺术殿堂增光辉

近年来，卡拉OK音乐厅、镭射舞厅成为人们十分喜欢的娱乐场

所。在那里，激荡动人的歌声，令人着迷的舞姿，不胜言说。然而，红花需有绿叶配，主角的技艺无论多么高超，也少不了配角的烘托、陪衬。在那里，有一位极其重要的“配角”——激光。美味佳肴少不得好作料，绝代丽人不能无好时装，在当代，文艺场所处处都需要激光。特别是大型的活动，如新年、春节的文艺晚会，更需要运用激光手段，增添信息，拓展时空，使丰富多彩的节目更加令人回味无穷！在现代文艺舞台上，在电影制片厂和电视制作中心，激光常被用来作灯光显示、变换投影，以产生和渲染艺术效果。可以说，艺术的成功，也与激光作为“配角”是分不开的。在这些场合，气体原子激光器、离子激光器、染料激光器等都可以使用，不过，最常用的是能够产生红绿蓝 3 色的离子激光器。从目前情况看，激光的“艺术细胞”还远没有得到充分运用和发挥，在日后的艺术生涯中一定会有更精彩的建树。

音乐艺术是广大群众喜闻乐见的，更是青少年朋友倍加珍爱的。以乐器为例，现代乐器家族真可谓庞大，弦乐器、管乐器、打击乐器、键盘乐器……电子科学技术的发展，给乐器家族又增添了新成员——电吉他和电子琴。各种多功能的电子琴不仅是舞台、舞厅、音乐茶座上的角色，而且走进千家万户，成为许多少年儿童的伙伴。然而，光子技术也不示弱，目前，已出现独具特色的光子乐器，它和电子乐器相比也毫不逊色。激光光纤吉他，光导纤维作为吉他的琴弦，通过光信号的变化，可以演奏出极其美妙的乐曲。激光竖琴，更是别具一格，琴弦是由一台氪激光器和两台氩激光器产生的一排绚丽多彩的竖直光束。琴师“拨奏”激光竖琴的“琴弦”——有节律地遮断光束，启动琴中的光电传感器，于是便奏出令人叫绝的乐曲。光子在音乐领域里的贡献远不止这些，从发展来看，光子乐器虽然是后起之秀，却大有后来居上之势。

激光光盘已为许多人所熟知。激光唱片音乐的音质、音色十分纯正优美，令人赞叹！激光光盘不仅用于“音频”，而且也用于“视频”，成为记录和放映影视录像的手段。一张激光光盘的唱片，可以录制一部至多部电影，可以录制一部至多部电视连续剧。激光唱片容量很大，适宜久存，便于携带和使用。激光唱盘和录放像机一样，正在逐步进入家庭。

影视艺坛也是激光争夺不让的阵地。据报道，在美国的亚特兰大市，每年5月至10月份，可口可乐公司天天晚上都要进行激光电影表演。银幕是一堵巨大的石壁。一束束红、黄、蓝、紫10多种颜色的激光，从各个不同方向射向石壁。这些激光束由电子计算机控制，以极快的速度变换着画面，时而形成栩栩如生的活动场面，时而呈现气势磅礴的壮观景象。配音由扩音喇叭组成的巨大“音墙”播放，激昂的音乐令人怦然心动。这种激光电影产生了现代电影艺术所不能比拟的神奇的艺术效果。

电影艺术调动了现代电影技术的全部手段，用来渲染情节，烘托人物，表现主题，产生艺术效果。例如，以每秒多于24幅画面的速度拍摄，仍以每秒24幅画面的速度放映，以得到某个动作或过程的“慢”镜头，表现特殊的故事情节或武打、追逐、奔跑的情景；以每秒少于24幅画面的速度拍摄，仍以每秒24幅画面的速度放映，便获得某个动作或过程的“快”镜头，表达人物心急如焚或某些滑稽可笑的情景；采用变焦距镜头，使全景画面“唰”地一下拉近成局部特写镜头，或将特写镜头变成全景画面；利用宽银幕镜头拍摄大场面情景，以及运用遮幅技术、分镜头技术等。但是，万变不离其宗，不管哪一种技术手段，所拍摄的影片的景象都是一个效果——平面画面失去了原来景物的三维空间的立体形象。这一问题，只有靠激光全息技术来解决了。科学家们正在研究把激光全息摄像技术引入电影的拍摄和放

映中来。不久，全息彩色电影和全息彩色电视都会问世，那才是真正的立体景象，令人感到身临其境、十分真实，观众也因此“进入角色”……

激光的“艺术才华”除了表现在上述声像领域，在绘画、雕刻、装饰、装潢及艺术制品等方面也已崭露头角。

激光不但是医生手中的手术刀，还是画家和雕刻家手中的光笔和雕刻刀。艺术家们利用激光束这得心应手的画笔和刻刀，在各种纸板、木板、石板、玻璃板和金属板上进行绘画和雕刻创作，可以借助于激光束的强度、聚焦和散焦的变化，创作出完美的独具风格和特色的作品来；还可以借助于计算机辅助设计技术，对所创作的作品进行修改。此外，激光还可以用来修复名画，使已经黯然的画面恢复其青春的光彩。

激光在装饰装潢方面也大有可为。激光全息照片是普通照片无法比拟的，但它的显示也离不开激光。办公室、会客室或家庭居室的墙上，挂上一幅或几幅激光全息照片，自然是装在照片镜框里的，在镜框上加装一种很小的装饰型激光器，同时可以起到全息照片的显示作用，使人看到墙上挂的不是一幅干涉图画，而是一幅优美动人、确确实实的立体景象或人物形象。此外，与激光电影相似，人们还制成“激光奇观”，例如，意大利人将巨型画像投射到阿尔卑斯山上，巴西人把巨型画面投射到里约热内卢山头上，法国人则利用激光照射埃菲尔铁塔等。将来，多种色彩的激光还会被用于建筑物装饰、商店或剧院广告、家庭美化等方面，增强效果，使社会生活更加多彩。

特殊的激光全息照片也是人们的艺术收藏品。许多珍贵的历史文物、古董，各种精雕细琢的艺术品，世界各地的名胜古迹，奇花异草和稀禽怪兽等，那些人们难以得到或见到的器物、景象，都可以利用激光拍摄成逼真的立体照片，作为艺术收藏品。这些艺术照片可供人们观赏，就像真实的器物或景象就在眼前，犹如身临历史遗址或名胜古迹，好似亲眼见到绝美的艺术品，亲切体会到实际情景。当然，这些照片也可以作为展览会或博物馆的展品，供人们参观、赏识。

激光全息技术还可以用来制造别具一格的玩具。有人推出一种全息活动玩具，名叫“超自然”。从不同的角度观察全息图，会看见各种不同的人物和图像。全息图中的人物，一会这样，一会那样。例如，狮心王查理，一张国王查理的照片，一转动就变成一头狮子。随着激光全息技术的迅速发展和广泛应用，将来肯定会有各种各样的奇妙的激光艺术玩具问世，使儿童少年爱不释手，给孩子们的生活增添无穷的乐趣。

我们确信，激光在未来的艺术殿堂上一定会大展才华，大显身手，丰富和美化人类的生活。

八、诱人的前景

追求是成功的第一步，观察是科学的金钥匙，联想是思维的双飞翼。展开双翼到广阔无垠的科学长空里去翱翔吧，它会将你带到一个瑰丽的境界！诱人的前景，科学的未来，属于那些不辞艰辛、永不收拢双翼的探索者！

太空城里创大业

“嫦娥奔月”“牛郎织女”“孙悟空大闹天宫”……在我国，流传着多少关于“天宫”的神话故事；现代的中外科幻小说或电视剧目，更是不乏有关太空城市与生活的描写。当然，人类是不会停留在神话故事、科学幻想里面的。人类正在创造条件，现代科学技术的各个领域——激光是其中的一个重要领域——正在突飞猛进地发展，人类终有一天会建立起“太空城”“太空村”，到那里去进行科学实验，制造新材料和新产品。

这似乎有些蹊跷：地面上衣食住行这样方便，水、电、氧气充足，现代科学实验手段齐备，为什么要舍近求远到太空里奔波劳碌呢？原来，那里有地球上所不具备的或很难获得的实验条件，如低温、真空、失重和无菌等。在那样的特殊条件下，一些物质将具有优异的特性，一些实验会呈现出异乎寻常的现象，因而给科学技术带来新的突破，使人类获得新的生产力。

自从1957年第一颗人造卫星被送入环绕地球运行的轨道，人类的活动便开始向广阔无垠的宇宙空间迈进。几十年来，空间技术迅速发展，各国的侦察卫星、通信卫星、科学卫星、气象卫星、地球资源卫星纷纷到空间抢占“有利地形”。位于地球赤道上空距地面约3.58万千米的轨道，是通信卫星、电视卫星和气象卫星等安家的最佳轨道，卫星绕地运行一周正好等于24小时，和地球自转速度相同，卫星在轨道上犹如固定不动的空间站，故叫做地球同步卫星。美国、苏联、日本和欧洲向这条轨道上发射了约300颗卫星，现在这条轨道上几乎已是“座无虚席”，20世纪年代还有200颗卫星要发射入轨，这条轨道上肯定会拥挤不堪。

在这期间，美国的“天空实验室”、苏联的“联盟－6”和“礼炮－6”轨道站，是具有一定规模的太空实验室，也可以说是小小的太空城，宇航员们把它作为实验基地，进行了工业、农业和科学实验。

宇航员们把太空实验室变成一座小工厂，点燃了功率强大的炉子，熔炼和制造金属合金、复合材料、特种玻璃和半导体晶体等制品。这些炉子产生的热高达到1000～2000℃，使少量的银、铜、铝、锌、铟、镓和锗熔化，混合成不同的均匀混合物，制造成具有独特性质的优良合金；或使晶体材料熔化后重新凝固，形成不会发生畸变的纯净结晶。这样的合金和晶体，在地球上的重力状态下是不可能制造出来的，因为地球上的重力会使熔化的元素产生分离。此外，宇航员采用电子束和等离子弧等方法，进行了材料的焊接和切割，对发展宇宙工

艺学起到了积极的推动作用。宇航员还在太空实验室的植物园里观察种子发芽，将向日葵种子发芽情况拍成照片，迈出了向太空农业研究的第一步。

人类并不满足于地球轨道站这样的小小天地，正在计划利用航天飞机和空间站去建造大型无人驾驶的“空间建筑”——空间平台，在空间平台上进行地球观测、研究陆地—海洋—大气的复杂系统，并在空间平台上建设空间工厂；还要在远离地球的其他星球上建造大规模的太空城、太空村，到那里去开采矿物，制造产品，进行科学实验。

人类第一座太空城将建造在哪里？我们可以肯定地回答：在月球。它是地球的“贴身卫士”。1969 年 7 月，美国“阿波罗 11 号”宇宙飞船首次送两位宇航员登月，自那以后，又有 12 位地球的使者先后访问了月宫。他们在月球表面共安装了 5 块激光反射板，从地球向月球表面的激光反射板发射激光，然后，根据光速和激光往返时间，推算出地球与月球的平均距离。目前，国际天文学界共同采用的地月平均距离为 384401 千米。近年来，激光测月精度已经达到 8 厘米左右。月球上没有大气，没有大气对阳光的散射，天空总是黑黝黝的，声音不能够传播，那里是一个无声的世界，近在咫尺却要靠对讲机交谈。没有大气层保温，月面上的温差特别大，中午高达 127℃，黎明前下降到零下 185℃。月球上的重力很小，只相当于地球上的 1/6。在地球上，一个人体重 60 千克，到月球上，只有 10 千克。由于这个缘故，人在月球上行走，飘飘然像腾云驾雾一般。

月球上，有丰富的矿藏可供开采，有了矿产资源，又可以利用那里的特殊环境条件，就地进行冶炼和加工制造。要开矿、生产，就要有工具，到那时，人类不可能从“石器时代”开始，而是要采用人类最先进的技术和设备。可以预料，激光控制核聚变可能是太空城、太空村的最好能源，还是一种开矿和生产的强力手段。激光的一大特点就是功率强大，它是一种可以产生百万度高温的强大光束，能够轻而易举地穿透坚硬的材料，能够使岩石瞬间化为灰烬，这样的光束不是比任何采掘和加工的机械都厉害吗?!

人类第二座太空城将建造在哪里？看来，火星是一颗最受人类关注的行星。20 世纪 60 年代以来，美国多次向火星发射探测器和宇宙飞船。飞船在火星上成功着陆，揭示了火星的一些奥秘。从“海盗”飞船着陆地点来看，火星上非常干燥，没有液态水，大气中含有微量的氧，温度变化剧烈，中午 28℃，夜晚降到零下 132℃，因而没有生物。然而，人们并没有失去寻找“火星生命”的希望，据天文观测和飞船探测，发现火星的赤道区和地下存在液态水，甚至有“大绿洲”。人类正在为登上火星做准备，美国 10 名女宇航员正在接受登陆火星的紧张训练，因为从地球飞往火星的 3 年中，女性在压力和寂寞方面有较强的心理平衡能力和适应性。火星之谜，不久就会被人类揭开。

人们在“太空城”里工作和生活，第一需要是什么？是氧气，因为不呼吸不行。怎么样把氧气输送到遥远的“太空城”里去呢？我们看到，自来水管把水送到千家万户，煤气管道将煤气送进每家每户。更大规模的，输油管道从黑龙江省的大庆出发，经过吉林省和辽宁省，把石油送到了河北省的秦皇岛码头。那么，采用什么管道，能把氧气或其他气体从地球输送到月球的或其他的“太空城”、“太空村”里去呢？如果采用钢管、塑料管，那得有多么长啊！再说，地球和月球都在“走动”，一根 38 万多千米长的管子在空间里“晃动”，这简直是不可思议！

科学家认为，将来，激光有可能成为行星距离间输送氧气及其他气体的有效管道。这可真是科学发达，无奇不有，光还能成为“管道”!

一根长圆筒形的红宝石激光器，它的输出端发射出来的激光光束

呈管状，这样便形成了一根“激光管道”，如图 8－1。在这种“激光管道”中，光束分布状态是：中心“管道”部分光线稀疏，能量密度很少；周围“管壁”部分光线密集，能量密度很大。如果把一种气体通入“激光管道”，光束就会运载着这种气体沿着光的传播方向输送过去。不必担心，气体的分子或原子是不会穿透具有较高能量密度的周围“管壁”逃逸出去的。就这样，激光光束构成了一种十分奇特的输送气体的管道。这种“光管”和普通的自来水管、煤气管完全不同，气体与“激光管道”管壁的摩擦不会对气体粒子产生阻力，恰恰相反，由于气体要去的方向正好和光束传播的方向一致，因而这种摩擦大大提高了光束输送气体的效果。

图 8－1

采用“激光管道”从地球上向月球上输送氧气，在激光辐射装置中必须有高精确度工作的特殊旋转装置，以便使“光管”轴线始终跟踪月球的运动。为此，在月球上要记录和接收地球发射激光的相对位置，并用校正脉冲向地球发出信号，请地球上的“回授装置”来帮忙对正。

此外，利用“激光管道”输送气体时，考虑到在通常的温度和压力下的光的吸收和散射，会降低“光管”输送气体的能力，因此，要事先给气体预热。当把气体加热到离子状态时，输送速度就会变大。当温度达到 5000～6000℃时，利用光束的压力可以很容易地加速气体运动。这样，再使激光辐射功率增大，就可以远距离输送气体物质。

这种“激光管道”输送氧气的设想，听来似有些玄乎，其实不然，目前已经能够在有限距离内利用“光管”输送气体，将氧气从地球上通过“光管”送到月球上去，不久就会实现。

到太空去工作和生活，这一天已经为期不远了。到那时，人们在“太空城”里办工厂，在“太空村”里种果菜，好一派生机盎然的喜人景象。

飞向太空的时刻

1961 年 4 月 12 日，苏联“东方 1 号”载人宇宙飞船进入环绕地球的轨道飞行，宇航员加加林饱览了地球的风彩。他面对美丽迷人的蔚蓝色地球，不禁欢呼起来：“啊！地球，我终于看清了你的全貌!”

1969 年 7 月 16 日，美国“阿波罗 11 号”载人宇宙飞船登上月球，宇航员阿姆斯特朗和奥尔德林站在月球上，遥望“故乡”的壮丽景象：一个比在地球上看到的月亮大十几倍的蔚蓝色巨球，看上去似乎一动不动地悬挂在空间。月球上的夜晚比地球上的夜晚要亮 80 倍，在“地光”（太阳光被地球反射到月球上的光线）下看书写字，十分清楚……

从那以后，宇航员们一批又一批地到太空“出差”。人们期望着：有朝一日登上火星去考察，飞向更遥远的星球去探险。

我们知道，要飞往太空并登上别的星球，必须具备两个最基本的条件：一个是宇宙飞船，这是飞往太空和地球以外的星球的交通工具；另一个是通信系统，这是时刻与“故乡”保持联系的必要设备。那么，在未来的宇宙航行中将采用什么样的最先进的宇宙飞船和通信设备呢？科学家们认为，激光是最有希望的技术手段。

对未来的宇宙飞船，科学家们作出了种种设想，如量子飞船、光子飞船、原子能飞船、太阳帆飞船、等离子体飞船及 α 粒子动力飞船等。太阳帆飞船是麦克斯韦提出的预言，它是以太阳的压力为动力，太阳光线就好像“宇宙风”一样，推动着宇宙飞船的“船帆”而使飞船前进。

自从方向性极强的激光问世以后，科学家们又预言：激光可以作为未来宇宙飞船动力。如果太阳光线能够给宇宙空间里自由飘荡的物体加速的话，那么，激光这样强大的辐射光束也完全可能给宇宙飞船加速。科学家们认为，实现激光动力飞船的可能性，不会比实现前面设想的种种飞船的可能性小。从物理学的观点来看，各种发动机无非是利用反作用力，激光发动机的反作用力可以由具有质量的光子产生。

近年来，美国的雷塞莱尔波利特查尼克研究所着手研究以激光为动力，推进航天飞行器的飞行，已经取得卓有成效的结果。

激光航天飞行器的全部推进动力是由远距离发射的激光光束供给的。用远距离动力激光光束代替了普通火箭液体燃料以后，航天飞行器几乎不需要自身携带推进剂，因而就能够提供更多的有效载荷，也就是说，把省下的力量用来载人和各种仪器设备。

激光航天飞行器发射时，由航天器前部的椭圆形主反射镜接收动力激光光束，并把激光光束聚焦到屏蔽罩下的一个圆环内，再由第二反射镜把激光光束聚焦到航天器尾部，这时的光束强度已经非常高，因而引起空气电击穿，形成从航天器尾部向后去的冲击波，于是，就像喷气式飞机那样，航天飞行器在冲击波反作用下向前飞去。航天飞行器的动力激光是由空基自由电子激光器提供的，通过轨道卫星中继反射镜传输，恰如接力赛跑传递接力棒，中继反射镜把光束传给航天飞行器，这样航天飞行器不断得到动力，就继续向前飞行。

这种激光航天飞行器实际上就是激光飞船，它以激光为动力往返于地面与空间轨道站飞行，来回运送人员和器材，实现空间研究和制造。它起飞像火箭，垂直而起；返回大气层时又像飞机一样，滑翔到地面作水平着陆。它不需要火箭发射，也不使用火箭燃料，费用低廉，其发射费用仅为航天飞机的0.1％。

激光航天飞行器的研制得到美国航天航空局的支持，进展很快。到21世纪初，“水星号”、“双子星座号”和“阿波罗号”载人激光航天飞行器已发射使用。

要飞往以光年计算距离的遥远的天体，人类必须拥有接近于光速的宇宙飞船。随着激光在航天器和飞船方面应用研究的突破和不断进展，宇宙飞船的速度逐步逐步地提高，将来终究会达到接近光速的速度，也许这就是未来的激光飞船或光子飞船。

近20多年来，空间技术发展很快，宇航员们一批又一批地乘坐宇宙飞船，出出进进于宇宙空间，甚至在筹划女宇航员到火星去访问。这样，伴随而来的另一个问题摆在人们面前：怎样保障宇航员与“故乡”——飞船与地球之间的可靠的通信联系呢？

人们发现，电子通信技术并不十分可靠。1964年，美国把一艘“观察飞船”送往火星，试图测定火星大气的组成和密度。可是，飞船进入火星大气层以后，却断绝了与地球的联系，因此没有能够得到有关火星大气组成和密度的数据资料。

这是怎么回事呢？

我们知道，当宇宙飞船返回地球时，由于飞船速度非常快，飞船壳体与地球周围稠密的大气层摩擦而被急剧加热，于是，飞船周围的气体被离子化，形成包围飞船的高温等离子区域。这个高温等离子区域把飞船及飞船上的高频无线电通信器件完全“裹住”，离子化气体含有高密度的自由电子，具有导电性，因而成为无线电波的隔离层。无线电波或者被它反射，或者被它吸收，因此，无线电通信完全断绝。

宇宙飞船与地面联系突然中断了！在飞船返回经过大气层这极重要的瞬间，宇航员急需得到地面的指示和帮助，地面也必须控制飞船返航和掌握可能突然发生的变化，然而，电子通信系统却无可奈何！

这个问题太重要了！要实现飞往地球以外的星体——火星、金星、木星，必须解决飞船周围形成等离子屏蔽层的问题，因为那些行星和地球一样，都有它们自己的不同密度的大气层。如果不研究出某种特殊办法，当宇宙飞船远离“故乡”进入那些行星“管辖”的大气层时，就无法和“故乡”保持联系了。

这样，宇宙飞船及其他以超音速进入大气层的飞行体的通信，便成了重要的研究课题。针对这一问题，科学家们研究出了种种解决方法，如采取对等离子层具有最优良透过性能的、最适当的频率范围，选取适宜穿过大气层而只形成薄薄的等离子层的飞行体外形等。我们都有这样的经验，顶风向前跑的时候，脸部和胸部受风吹最厉害；骑摩托车的人都要戴上头盔来防风，伸在前边的手也要戴上手套。飞船及其他飞行体与大气的摩擦也是这样，譬如说，为了使等离子层的厚度减小，要使飞行体的头部形状变尖，天线最好装在远离头部之处；为了减小等离子层自由电子的浓度，往头部附近的气流中喷入一种能降低气体温度、使气体的电子和离子重新结合的物质；为了在天线附近形成一个不受等离子区域影响的部分，利用水来冷却飞行体表面，等等。但是，这些方法，说起来容易，做起来却很困难，而且多半要增加宇宙飞船的重量，即使这样，也不能保证飞船进入大气层时能够与地面进行稳定的通信联系。

于是，人们就求助于“万能”的激光。实践表明，利用激光光束，在宇宙飞船飞行中进入大气这一重要时刻，依然能够保持飞船与地面之间的通信。尽管还有一些难题要解决，但是，可以确信，激光是在宇宙飞船的整个飞行期间内保证飞船和“故乡”之间稳定可靠的通信的最佳选择。

和外星人的沟通

1988 年 12 月 23 日，苏联一位生物学家公开声称，他同一位外星人定期通话，已经有一段时期。这位生物学家名叫杜雪年毅。近 4 年来，他一直在苏联科学院远东研究所致力于不明飞行物体的研究。他花了许多时间和精力，谋求同外星人取得联系，终于有了收获。他说，跟他通话联系的外星人智慧高超，学识渊博，能用俄语和他沟通。这位生物学家称他的外星朋友为“阿历山大”。

在太阳系以外的其他星球上，有没有人类，有没有文明社会？这是人们一直关心的问题。起初，人们想到在离我们最近的月球上可能存在生物，但很快就被否定了，因为月球上没有大气。接着，人们又把注意力集中到离我们最近的行星——火星和金星上，但研究结果表明，存在理性生物的可能性不大。继而，人们又将思维引向更遥远的天体。1977 年 8 月 20 日，人类的使者“旅行者 2 号”星际探测器在美国佛罗里达州向地球人告别，踏上了寻找地球以外的文明世界的征程。它带着一套镀金铜唱片，能保存 10 亿年。唱片上录制了 35 种语言的问候语和“地球之音”，还用电码存储了 115 张图片，其中介绍了地球和大气成分，染色体和男女人体图解，贝多芬降 B 大调第 13 弦乐四重奏总谱的一页，联合国大厦和旧金山门桥，中国的长城和中国人吃饭的场面。“旅行者 2 号”于 1979 年 7 月 9 日飞越木星，1981 年 8 月 25 日飞越土星，1986 年 1 月 24 日飞越天王星，1989 年 8 月 24 日飞越海王星。目前，它已飞离太阳系，以每小时 61920 千米的速度在银河系中间遨游。我们期待着，它在 100 万年的寿命中，有朝一日能

够完成人类赋予它的光荣使命。

宇宙是无限的，太阳系在广漠无垠的宇宙空间中如同无边沙漠中的一粒沙子。在我们的银河系里，大约有1000亿个星体，在这些星体中，还会有和太阳系类似的星系。如果在1000个行星中有1个行星适合生物进化生存的话，那么，在银河系里可能存在生物的行星就不止千万。更不用说，在我们的银河系以外，还有1000亿个星河系。星系范围约为几千光年至几十万光年。星系组成的星系团或星系群，如银河系和大小麦哲伦云、仙女座大星云等30多个星系一起组成本星系群，范围约有300万光年。再往远去，本星系群又和室女座方向的密集星系团及其他约50个星系团、群一起组成本超星系团，范围大约上亿光年。目前，所有观测到的星系一起组成的总星系，范围大约200亿光年，这就是现代宇宙学所说的“宇宙”。

既然在一些行星上生存着人类这样的理性生物，当科学技术达到相当程度的发展的时候，他们就会像地球人类向“天外”去寻觅“知音”一样，设法让其他世界的理性生物来了解自己的存在，设法和其他世界的理性生物进行通信联系。这样，在宇宙空间的星际间就有可能发射出信号，说不定这种星际间的通信会话早已存在，在一些有人类这样的理性生物的星体之间可能已经开始“文化交流”了。

可是，我们要和其他星球上的居民通信联系却不是件容易的事情。那些星球离我们太遥远了！如果把离太阳最远的行星冥王星当做我们太阳系的边界的话，我们这个“太阳系大院”的半径约有6000000000千米。要是以千米为单位来度量离地球最近的比邻星的话，距离约为38000000000000千米。如果以千米为单位来度量更远的星球的距离，那“0”就会像长蛇一样，没有办法读写。于是人们就想到光，请光出来度量遥远的天体。光在1秒钟里能跑299792.458千米，1年就能跑9460523659600千米。以光在1年里所跑的距离作为长度单位，称之为光年。用这个单位来度量离地球最近的比邻星，那就很方便了，地球与比邻星的距离为4光年。再以北极星为例来说吧，夜里，我们一抬头就看见它，然而，就连善跑的光，从北极星跑到地球上来，也要跑44年呢，也就是说，北极星和地球之间的距离为44光年。至于银河系中的其他星球，离我们就更远了，远至几十光年，几百光年，以至几十万光年。如上面讲的，目前所观测到的总星系范围约200亿光年。那些星球离我们地球这么遥远，可怎么能够进行通信联系呢？

科学家们认为，激光最有希望用来实现地球人类与地球之外星体进行通信联系。激光应用于地球与外星之间通信的目标一旦达到，人类便进入了宇宙通信的新时代。

我们知道，光源辐射是不连续的，光子的能量是“一份一份”地辐射出去的。光子的能量与它的波长有关，波长越长，能量越小；波长越短，能量越大。一个激光系统，在1秒钟内能够辐射出的能量最大的光子数量，对于通信的特性来说是非常重要的。在宇宙通信系统中，完全要依赖于每个光子来进行通信，光子的能量和数量决定了信息传递的效果。为了增大光通信的极限值，也就是说，增大通信光束可达到的最远距离，显然要提高光束的能量密度。为此，必须采用能量集中的强大激光光束，光束的开角要求极小。光束的开角是与光的波长λ成正比，而与光束的直径（发射光束的反射镜的直径）d成反比，因此光的波长越短（或频率越高）越好，光束的直径（或发射光束的反射镜的直径）越大越好。依据这些条件，科学家们设计了宇宙通信激光系统，利用输出功率高、波长短的连续状态的激光，采用现有反射望远镜中最大直径的反射镜，使光束的开角（波长与反射镜直径之比λ/d）达到10^{-7}（一千万分之一）弧度。利用激光系统进行宇宙通信，由于光波比无线电波短得多，光束集中，损失较小，不需要

很大的天线，而且，根据计算，激光通信系统所消耗的能量只需要无线电通信系统所消耗能量的十亿分之一，因此，激光通信装置的体积和重量都比普通无线电波通信装置小得多，优越得多。

“外星人”能够收到我们发射的信号的质量如何，还要看我们的激光通信系统的“杂音”情况。任何通信系统都不可避免杂音，这些杂音通常有来自外部的原因和来自内部的原因。激光通信系统的“内部杂音”的主要来源是发射器，而“外部杂音”是太阳和月亮的影响。因此，要设法减少和避免杂音，改善通信的信号质量。

采用激光通信，要考虑到地球大气层对激光的吸收。为了激光不易被大气吸收，有必要探明“透明的窗口”，就是找到一种似乎能使大气“透明”的激光波长，容易被大气“放行”。科学家认为，激光通信系统中最适宜的波长大致在 10 微米处。

利用激光和地球以外的其他星球上的居民通信联系，还必须有一种能使那里的居民懂得的“语言”。我们知道，光信号是通过所谓“调制”形成的，就像打电报的“哒，哒哒……”长短断续变化那样，譬如说用遮光板进行有规律地、周期地掩遮所发射的光线，就可以形成通信信号。为了使“外星人”理解，最初可以构成宇宙物质世界的最基本东西如原子结构、数学质数等以激光信号发送出去。

据文献介绍，人们经过长期探索，已接收到从波江星座∈星的行星发出来的一连串间歇脉冲信号。这次通信进行了 22 小时 53 分。如果用“1”来代替脉冲，以脉冲持续时间长短来衡量间歇时间，并用“0”来代替间歇时间，便得到了共有 1271 个“1”和“0”的二进数列。而 1271 是两个质数 31 和 41 的乘积，这就暗示我们要用 31×41 的行列来编排这些“1”和“0”。按照这样的行列来画图，“1”处画圆点，“0”处留空白，就得到一幅图形如图 8－2。从图形上可以看出：下部有“一对夫妻一个孩子”的形象，至少可以肯定是哺乳类的直立两足动物。左边，上部的圈圈表示“太阳”，点点表示行星。左边第3行，即第3个行星，向右有一条波浪线，波浪线下还有个鱼状图形，说明第3个行星上有水和水下生物。那个“人”指着左边第4行，表明他们生活在那个“太阳系”的第4个行星上。当然，根据二进位数码还可以对图形进一步解读。

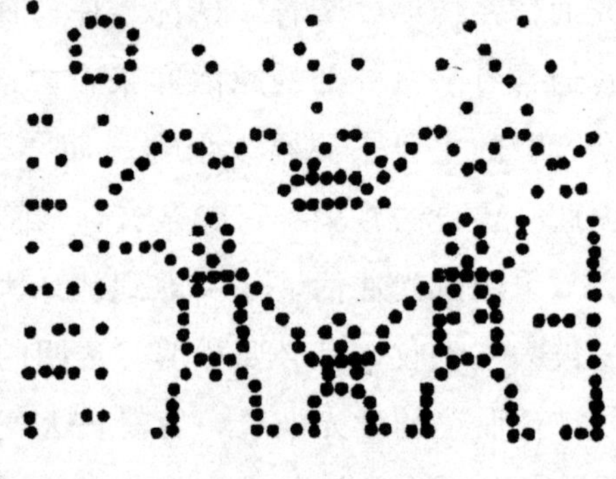

图8-2

我们可以确信，将来会和某个星球上的文明社会取得联系并进行交流的，如果那个文明社会发展得比我们快得多，科学技术已经高度发达，那么，我们将会从他们那里获得更多的信息，因而对宇宙有更深刻的认识，这对我们的科技进步和社会发展将是很有益处的。到那时，我们地球人类或许能够乘光子飞船或其他宇航飞船，到那个外星文明社会去旅行参观。

光子时代的前头

自从世界上第一台激光器问世，至今已近60年。激光——这当代的骄子，已涉足于许多科学学科和技术领域，并分化出不少重要的分支学科和交叉学科，形成相当规模的新兴产业；激光——这科技的新星，以其优异特性光耀经济建设和社会生活的各个方面，在精密加工、计量、检测、测距、导向、医疗、育种等行业得到日益广泛的应用，在光纤通信、集成光学、全息照相、光计算机、激光光盘、光学观察、傅立叶光学、非线性光学、激光武器、激光分离同位素和激光

引发核聚变等重要领域展示出极其广阔而诱人的前景。

激光技术、纤维光学和集成光学“科园三结义”是时代造就的，激光、光纤和集成光路结下了不解之缘，这种缘分打开了通往以光通信、光计算机、光盘和光全息为基础的崭新的信息传输、存储和处理的时代的大门。

纤维光学是研究光学纤维传光理论及制造的一门新学科。光学纤维已发展成为一种新型的光学元件，应用于光纤通信、光学窥视、某些特殊激光器和新型光学系统之中。光纤通信具有容量巨大、抗干扰能力强、保密性好、节省有色金属和适用范围广泛等特点，逐步发展成为大容量、远距离通信的重要手段，必定成为未来通信事业的主角。

集成光学是研究集成光路理论及制造的一门边缘学科，为某些科学技术领域的发展开拓了一条新路。它涉及介质光波导理论、集成光路材料体系、薄膜波导形式的各种分立器件、测试技术、光集成回路和集成工艺等这样一些科技领域。

集成光路、光学纤维组成的光缆及通信设备，以激光为信号的载体，正逐步用于光学通信、显示系统、信息处理、文字和图像扫描等领域。集成光路作为一种微型多功能集成光学器件、以集光为信号的载体，又是未来一代特高运算速度和特大信息存储量的光数字计算机的基础。

光计算机给人们带来了美好的希望。计算机是现代工业生产的自动控制、厂矿企业的科学管理、交通运输的数据处理、工程设计及生活方面的重要角色。但是电子计算机已经发展了五代，却始终没有脱离电子学的范畴，运算速度和存储容量均已不能满足突飞猛进发展的科学技术的需要。集成光学和激光技术为研制运算速度极快、存储容量极大、使用稳定可靠的光计算机提供了基础条件。目前的光模拟计算机在几分钟里就可以完成电子计算机几天才能完成的工作量。现在，科学家们正在向特高运算速度和特大信息存储量的光数字计算机进攻。

全息照相术由激光“起死回生”，已显示出强大的生命力。全息照相在光学像差平衡、全息显微术、全息干涉测量、红外全息、信息编码和信息存储等部门获得了应有的“席位”，正在越来越广泛地得到应用。

激光光盘是近些年迅速发展起来的一种新型信息存储技术，为信息存储领域又开拓了一条新路。一张光盘“唱片”上，可以存储若干份全年报纸，可以“装进”若干本长篇著作。如果要查阅某篇文章，只要 1 分钟就可以检索出来。

光通信、光计算机和激光光盘将构成未来信息社会的神经中枢和神经网络，在工业、农业、军事、科研和社会生活各方面的广泛应用，一定会使这些领域在技术上发生一次巨大变革。

传统的光学经激光技术输入“新鲜血液”，重新焕发了青春，面貌发生了深刻变化。光学同其他科学技术领域相互结合、相互渗透、衍生出来一系列崭新的分支学科。传统的观察技术和其他技术相结合，向红外波段扩展，已成功地应用到夜间观测、导弹制导、遥感遥测、地球资源考察及环境污染监测等技术领域。

光学中引入数学的傅里叶变换和通信的线性系统理论，形成了傅里叶光学。这种新理论，用以分析和综合各种光学现象，并且由此而引入的空间滤波和频谱概念，成为成像理论、像质评价、光学信息处理及相干光学计算机的基础。

这一切表明，光子学之扉是由激光打开的，它作为一门崭新的科学正在崛起和发展。

光子学的内容十分丰富，但在很大程度上是以激光的频率单纯、亮度极大这样一些特性为基础的。起初，由于激光器是从微波受激发

射器（Maser）而来的，激光这个名称就是“利用辐射的受激发射实现光的放大”这些词的缩写语（Laser），人们就给这门科学起名为量子电子学，如同电子学的一个分支。但是，激光的本质是光量子的运动，或者说，是光子的产生、运动和转化。光子在本质上是不同于电子的粒子，如光子还没有确切发现有静质量，而电子却有静质量等，因此，人们认为量子电子学这个名称很不确切，应该叫做“光子学”。最近几年，光子学已经成为一门独立的科学，同电子学并驾齐驱地驰骋于现代科学的天地。

光子学作为一门新学科必将迅速发展起来，同时，还将促进其他学科的发展。一些新学科将不断涌现出来，如光子物理学、光子化学、光子生物学、光子医学等。这样，现代科学技术的百花园，将会是万紫千红又一番新春的景象。

光子学的发展，自然要带来光子技术和光子工业。20 世纪科学技术发展的特点是理论到应用几乎同时并进，几十年来激光科学及其应用就是同时并进的。如上面讲的，激光生产加工、光纤通信、激光分离同位素、激光引发核聚变、光子计算机、激光测距和激光雷达等，均为光子学的成果，光子技术的运用。

光子科学技术的发展和应用，也正像蒸汽动力、电力、原子能和电子计算机的发展和应用那样，终将把社会生产力推进到一个新的更高水平。就从工业来说吧，一方面，将是伴之而来的一批新型工业如雨后春笋般地出现，诸如光子元件厂、光子设备厂、光讯器材厂、光视机厂、光子全息照相机厂、光子全息电影机厂、光计算机厂、光子仪器仪表厂、光子医疗器械厂、光子探矿采矿机械厂、光子化工厂和进行跟踪、制导、瞄准及攻击武器制造的光子军工厂等。另一方面，冶金、机械、电子、化工、纺织等传统的工业技术，也将被进一步改造，以崭新的面貌出现。整个工业体系将是一派生机勃勃的景象。

光子科学技术不断出现的新成就，对现代化社会的影响是无法估量的。到那时，天上飞的是用光子充填燃料的宇航飞机，地下跑的是光子发动机驱动的各种车辆，家庭里用的是多种多样的光子器具，军队装备的是各式各样的光子武器……如同今天的煤、油、电一样，光子科学技术将渗透到整个社会肌体的各个部位，成为人类生产和生活中不可缺少的东西。

未来的家庭，将是光子化的家庭。在你的家庭里，你只要按动那台用集成光学元件制造的终端设备，激光信号就会通过光学纤维构成的光缆网络联系于办公室、商场、电台……你可以通过面前的荧光屏，同千里之外的亲人会晤，和办公室里的同事交谈，跟商场里的售货员定货，向图书馆索取有用的资料，以及阅读新闻、科技情报。在你的家庭里，你的光智能计算机是你的忠实仆人，控制着空调设备来调节室温，控制家用电器来为你烹调食物、开窗关门、清扫房间。茶余饭后，你坐在舒适的沙发上，可以用手中的微型光控器，打开面前的光视机，观看光纤传来的丰富多彩的全息彩色光视节目，那是立体的景象，真实的景象！

到那时，电子将让位给光子，光子将成为人类的第一助手，处处为人类服务。人类将生活在一个崭新的光子时代里！

未来的时代将是光子时代。看，它已经露出了绚丽的晨曦，让我们张开双臂，迎接光子时代的到来吧！

九、激光的内幕

世界真奇妙：激光竟然有那么优异的品格，有那么高强的本领，广受青睐，处处建功。其实，自然界的事物都有其内在规律。凡事问一个为什么，刨根问底，查明机理，才能获得真知。那么，激光的天赋和才能是怎么来的呢？

光来自“小太阳系”

人们经过长期的研究和实践，发现各种各样的发光现象都与光源内部原子的运动状态有关系。为了揭开发光现象的谜底，人们对原子的结构和运动状态做了大量的研究。原来，原子的结构，很像我们这个太阳系。我们知道，太阳系是由一个太阳和水星、金星、地球、火星、木星、土星、天王星、海王星、冥王星 9 大行星组成的。太阳居于中心，9 大行星分别在自己的轨道上环绕着太阳运行。原子的结构也是这样，它是由一个原子核和一些电子组成的，这些电子沿着一定的轨道，绕着原子核永不停止地旋转。其中，原子核带有正电荷，电子带有负电荷。不同元素的原子，核外电子的数目是不同的，但原子核所带的正电荷和所有的核外电子所带的负电荷总是恰好相等的，因此，整个原子呈中性。

原子结构最简单的是氢原子，它的核外只有一个电子。其他元素的原子结构就比较复杂了。例如，氦原子中有两个电子，硅原子中有14个电子，银原子中有47个电子，铀原子中有92个电子。

这里，我们以氢原子为例来剖析一下原子内部的运动状态。氢原子结构如图9-1所示。氢原子的原子核带有一个电子电量的正电荷，原子核外那个电子带有一个电子电量的负电荷。一个电子电量是一个电子带有的电荷数量，是电荷的最小单位，数值为 $e=1.60\times10^{-19}$ 库仑。原子核的正电荷与电子的负电荷数量相等，它们之间存在着静电吸引力。电子在静电吸引力作用下，绕着原子核不停地运转着。

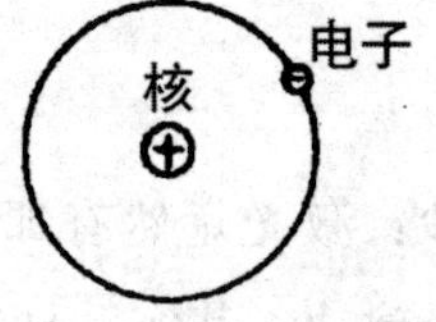

图9-1

电子在绕原子核运动时有两种运动趋向：一是电子绕核转动时有离开核的趋向，二是电子受核的正电荷吸引力作用而有靠近核的趋向。当这两种作用达到相对平衡时，电子与原子核之间保持一定距离，也就是说，电子能够沿着一定的轨道而运动。电子绕着原子核转圈子运动，具有一定的能量，叫做动能；电子被原子核吸引着，保持在一定的轨道上，具有另一种能量，叫做位能，动能和位能之和就是原子的内能。当电子与核之间的距离保持不变时，原子的内能不会改变。如果受到某种外界的作用，电子与核之间的距离就会改变。电子运动的轨道离原子核越远，电子所具有的能量就越大，因而原子的内能也越大；反之，电子运动的轨道离原子核较近，电子所具有的能量就较小，因而原子的内能也越小。在没有外界作用的情况下，一般来说，

原子中的电子都尽可能沿着离原子核较近的一定轨道上运动。

电子绕着原子核运动的轨道的改变——电子与原子核之间的距离的改变，是不连续的，不能像电唱机针头在唱片上绕着电唱机轴运动那样连续变化。原子物理研究告诉我们：电子在原子中呈壳层分布。铀原子中的电子分布如图 9－2。图中，圆圈表示电子分布的壳层，黑点表示该壳层上的电子。原子中的电子只能在一个一个间隔开来的特定轨道上运动。这样，原子的内能也就成为一档一档分开的，因而不能连续地变化，这就是说，原子内能值的变化是一系列不连续的值。

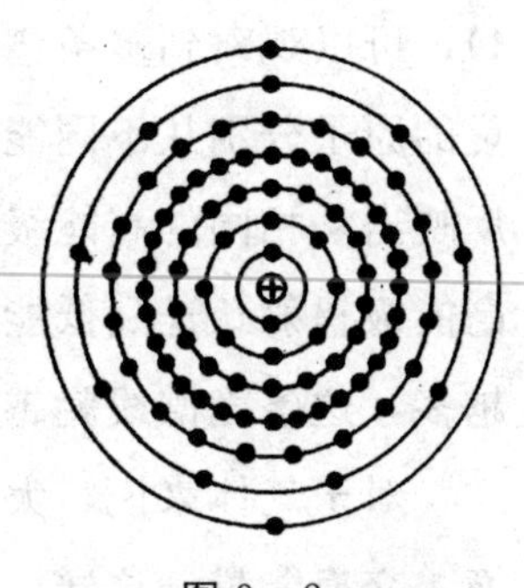

图 9－2

我们把分成一档一档的原子内能值叫做原子的能级，可以用能级图来表示，如图 9－3。图中，每一条横线代表一个能级，最低的能级 E_1 叫做基级，代表的原子能量状态叫做基态，相当于电子在最小的轨道上运动。往上去的其他能级，如 E_2、E_3 等叫做激发能级，代表的原子能量状态叫做激发态，相当于电子在各个较大的轨道上运动。处于基态的原子受到外界的“刺激”，如受到光的照射，受到电子或原子的撞击，便获得了能量，于是上升到较高能级去，原子的这种能态的变化过程叫做激发过程；反之，处于高能级的原子也可以释放出一部分能量，而从较高能级下降到较低的能级，或降低到基级，原子的这种能态的变化过程叫做跃迁过程。在这两种过程中，原子所得到的能量，或原子所失去的能量，刚好等于两个能级之间的能量差。

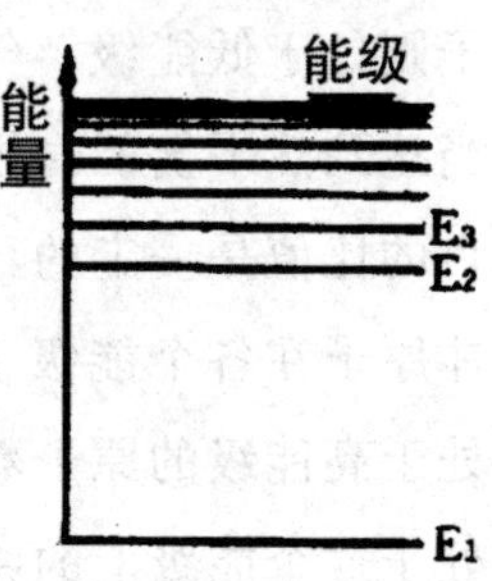

图 9－3

我们在某一时刻观察某一种物质，并不是观察一个原子，而是数不清的大量原子构成的物质。在这一时刻里，一个原子自然是只能处于某个一定的能级状态，所观察的大量原子中的各个原子却可能处于不同的能级上，因此观察到的是大量的、处于不同能级的原子的总情况。如前面讲过的，我们拍摄一种原子光谱，比如氢光谱（见图 2-4），可以观察到多条谱线。这表明，我们观察到的结果，反映的是大量的原子分别从不同能级辐射跃迁到其他能级的情况。光谱线的强弱反映出从相同的高能级辐射跃迁到低能级的原子数目的多少。从同一高能级辐射跃迁到低能级的原子数越多，即同一条谱线的发光原子数越多，这条光谱线就越亮。

对于气体来说，大量的同类气体原子在运动的过程中，会互相碰撞，交换能量。这样，有些原子就会被激发到高能级去，而另一些原子则处于低能级。气体分子间彼此能量交换通常表现为热运动能量，当达到热平衡的时候，在气体的单位体积内处于各个能级上的原子数目的比值是一定的，换句话说，当热平衡时，在单位体积内的同类气体原子在各个能级上是按照一定的统计规律分布的。具体说来就是，处于高能级的原子数比处于低能级的原子数少，而且，激发能级越高，处于这个能级上的原子数越少。这种原子分布状态，叫做原子的正常分布。

粒子“三迁”有缘故

我们知道，原子的运动状态和内能变化，可以用一档一档的能级图来表达。实际的原子能级是复杂的。为了简便，我们可以选取任意两个能级来进行分析。如图 9-4，两个能级分别是：原子内能较低的能级 1（不一定是基态），能量为 E_1，叫做低能级；原子内能较高的能级 2，能量为 E_2，叫做高能级。能级的高与低，是两个能级相比较来

说的。这样选取能级，并不影响问题实质，却使问题大为简化。

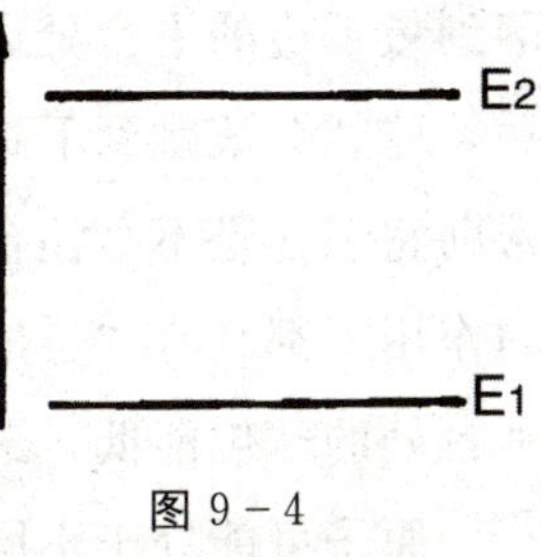

图 9－4

我们假定，所观察的物质是一些同类的原子，其中有一部分原子处于低能级，原子具有能量 E_1；另一部分原子处于高能级，原子具有能量 E_2。我们用能级图来表示，如图 9－5 所示，一个个小圆圈代表处于低能级的原子，一个个小黑点代表处于高能级的原子。在没有外力作用的情况下，原子中的电子通常都尽可能沿着离原子核较近的轨道运动，因而处于低能级的原子数多于处于高能级的原子数，反映在能级图上，小圆圈的数目要比小黑点的数目多。

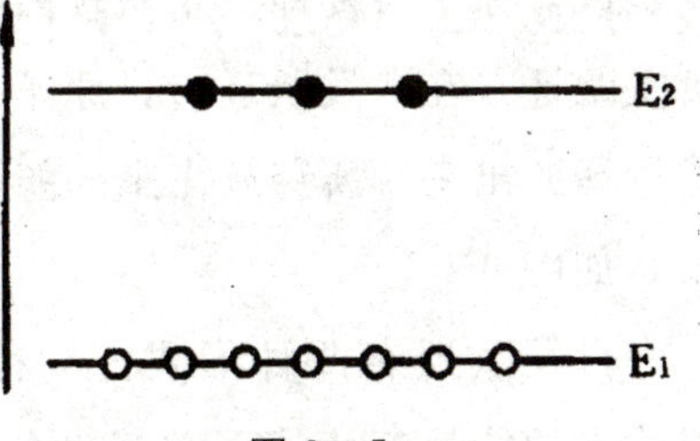

图 9－5

在光照的“刺激”下，原子中的电子与核之间的距离就会改变，因而原子的内能发生变化，就是说，原子的能级发生变动。在研究光子与原子之间的相互作用时，人们发现它们的相互作用具有自发辐射、受激吸收和受激辐射这 3 种不同性质的过程。

（1）自发辐射

我们先来观察一个小实验吧。拿一些乒乓球来，随便往楼梯上一撒，结果怎样呢？我们可以看到，就像图 9－6 那样，有几个球落在各级台阶上，大多数球都跳

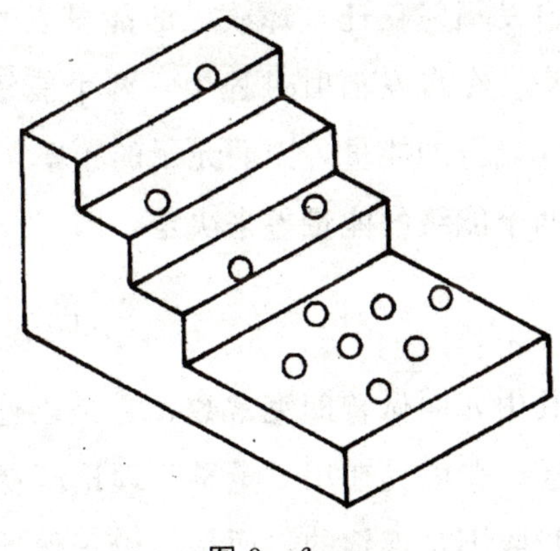
图 9－6

落到最下边的平台处。而且，稍加踢碰，甚至用扇子一扇，台阶上的乒乓球就会滚跳到下边的平台去。平台处的乒乓球是稳定的，没有谁帮助它们，是不会往台阶上跳跃的。这是因为，任何物体在地球引力的作用下都具有“位能”，或叫“势能”。台阶上的球位能高，不稳定；平台处的球位能低，最稳定。

原子可能处于不同的能级，如同上面的小实验，处于高能级的原子不稳定，总是力图向低能级跃迁。正像树上的苹果有向下掉的趋势一样，一旦成熟，或有风吹雨打，就会落到地上来。我们任意选两个能级 E_1 和 E_2，说明原子的跃迁问题。在没有任何外界作用的情况下，处于能量较高轨道上的电子也可能自发地跑到能量较低的轨道上，也就是说，原子自发地产生从较高能级 E_2 到低能级 E_1 的跃迁，这叫做自发跃迁。在自发跃迁时，原子从高能级降到低能级，就会将多余的能量释放出来。所释放出来的能量等于这两个能级的能量差，即 E_2-E_1，如图 9-7。

E2
E1

图 9-7

自发跃迁有两种形式：一种是无辐射跃迁，释放出的能量变为原子热运动的能量；另一种是自发辐射跃迁，释放出的能量以光的形式辐射出来。在自发辐射过程中，两个能级的能量差转变为光子的能量，因而光子的频率 f_{21} 由发生跃迁的两个能级的能量差来决定，即

$$f_{21}=\frac{E_2-E_1}{h}$$

其中 h 叫做普朗克常数，它是以德国物理学家普朗克命名的。如前所述，普朗克在用“量子”理论解释电磁现象时指出：电磁波的发射和吸收不是连续的，而是一份一份地成量子的状态进行的，每一份就是一个能量子，每一份能量都是一个常数 h 的整数倍，即 hf。f 是光波

的频率，h 为普适恒量，实验测得 $h=6.63\times10^{-34}$ 焦/秒。后来，爱因斯坦在阐述光电效应时指出：光在传播的过程中具有波动的特性，光在发射和吸收的过程中却有类似粒子的性质。光只能一份一份地发射，一份一份地吸收，发射和吸收的能量都是光的某个最小的一份能量的整数倍，这最小的一份能量就叫做光子。光子的能量 E 为

$$E=hf$$

式中，f 为光的频率，h 为普朗克常数。

自发辐射发光的特点是，处于高能级的各个原子都独立地、自发地跃迁，相互没有什么关系。不同的原子可能是在不同的能级之间发生跃迁，可能有各种各样的频率。即使有些原子是在相同的能级间实现跃迁，因而发光频率相同，但是它们发出的光在振动方向和振动相位上也是杂乱无章的。一切自然光，如阳光、灯光、火光，都属于自发辐射发光。

（2）受激吸收

一个处于低能级 E_1 的原子，当有一个频率为 f_{21} 的外来光子逼近它时，这个原子就有可能吸收光子的能量 $E=hf_{21}=E_2-E_1$，从而跃迁到高能级 E_2 去，如图 9－8 所示。原子原来具有能量 E_1，吸收了光子的能量 E，这样，原子跃迁到高能级后所具有的能量为 $E_1+hf_{21}=E_1+(E_2-E_1)=E_2$。这就表明，原子从原来的低能级 E_1 被激发到高能级 E_2 上去了，也就是说，原子中的一个电子吸收了外界能量而跑到离核较远的轨道上去，从而使原子的能量有所增加。这个过程叫做光的受激吸收。

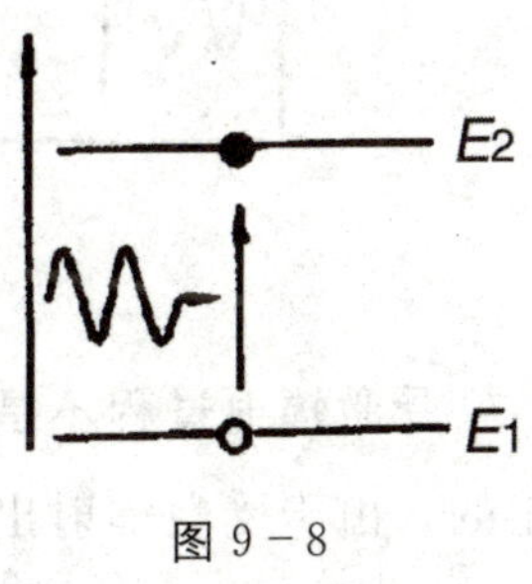

图 9－8

受激吸收过程不是自发产生的，而是在外来光子的“刺激”下发生的。只要外来光子的频率(或能量）符合条件，受激吸收就会发生。譬如说，用光照射某种物质，光越强，物质中原子吸收的光子就越

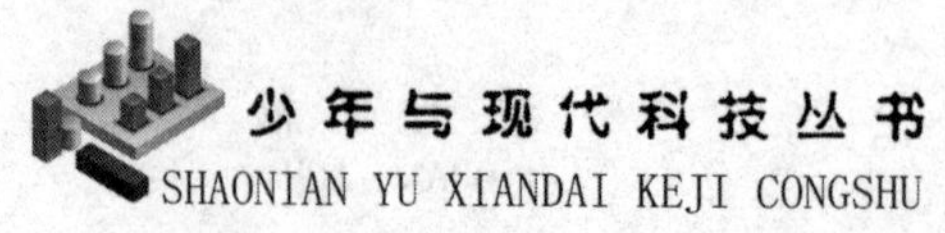

多，受激发的原子也越多；光越弱，物质中原子吸收的光子就越少，受激发的原子也越少。

（3）受激辐射

一个处于高能级 E_2 的原子，当有一个频率为 $f_2 1=（E_2-E_1）/h$ 的外来光子逼近它时，这个原子受到光的“刺激”，便有可能从高能级 E_2 跃迁到低能级 E_1，同时辐射出一个光子来，这个光子的能量为 E_2-E_1，频率与外来光子的频率相同。这就表明，原子从高能级降到了低能级，也就是说，原子中处于能量较高轨道上的电子，在外界入射光的“刺激”下被迫跃迁到能量低的轨道上，从而发出光来。这个过程就叫做光的受激辐射。

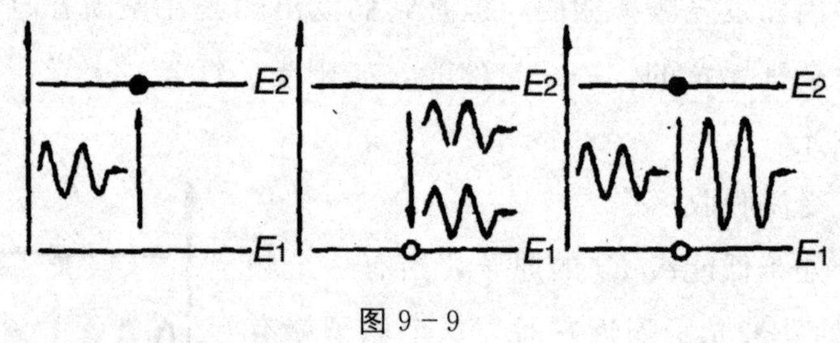

图 9－9

受激辐射过程不是自发产生的，而是在外来光子的“刺激”下发生的。由于受激辐射出来的光子是受外来光子“刺激”产生的，因而它与外来光子一模一样，不仅频率相同，都是 f_{21}，而且传播方向、振动方向和振动相位都是完全一致的。如图 9－9 所示。如果以外来的光子代表入射光波，那么，在受激辐射过程之后，由两个光子代表输出光波，结果输出光波的能量比入射光波的能量增大了一倍，换句话说，光波的振幅通过受激辐射而被放大了。实际上，这就是激光产生的基本原理。

上述的光的自发辐射、受激吸收和受激辐射，通常是同时存在的。

受激吸收和受激辐射显然是互相矛盾，因为受激吸收是原子在光照作用下，从低能级被激发到高能级上去，结果吸收光子，光场被减弱；而受激辐射是原子在光照作用下，从高能级跃迁到低能级去，结果又辐射出光子来，光场被增强，即光被放大。但是，在原子正常能级分布情况下，由于低能级上的原子数目较多，所以总是以光的受激吸收占优势，因而光总是衰减的。要想获得光的放大，必须设法使光的受激辐射占优势，也就是说，必须使处于高能级上的原子数目远多于处于低能级上的原子数，这样就可以使受激辐射过程胜过受激吸收过程，从而实现激光放大。

活泼好动的粒子

原子中的电子是个活泼好动的粒子，一旦有光、电、热或冲击等外界“刺激”，就会“蹦蹦跳跳”，在各个电子轨道间跑来跑去，使它的动能和位能产生增减变化，以至原子的内能随之改变。原子内能的改变，表现在它的能级的变化，或者从低能级升到高能级，或者从高能级降到低能级。如前所述，原子处于高能级是不稳定的，稍遇“刺激”，就会跳到低能级去。在正常情况下，绝大多数原子处于最小能量状态，也就是处于基态。原子处于基态时，电子的运转轨道最小。除了处于基态的原子之外，也会有极少数的原子处于激发能级上，而且，能级越高，处于这个能级上的原子越少。这种在正常情况下原子数目按能级分布的规律，叫做玻耳兹曼分布律。处于热平衡状态的物质原子体系必定遵从于玻耳兹曼分布律。

为了获得光的放大，必须打破物质原子体系的热平衡状态，使原子能级分布一反常态，使处于高能级的原子数目大大超过处于低能级的原子数目。这种反常的原子分布状态叫做“粒子数反转”。

要想使物质的原子体系处于“粒子数反转”的分布状态，采用单纯的加热办法等是不能实现的。为此，科学家们采取了光激励、放电激励、化学激励等一些特殊的“外界刺激”，给物质的原子体系加以能量，把处于低能级的原子激发到高能级上去。这种激发，是在人为控制下进行的，以便有选择地使某个或某几个较高能级上的原子数目大大增加，形成较高能级上的原子数目大大超过较低能级上的原子数目。

一种物质受到某种激励以后，就会在选定的两个能级间呈现出粒子数反转分布状态。这种在两个能级间能够呈现出粒子数反转的物质叫做激活物质或激活媒质。气体、液体和固体都可以成为激活物质。

显然，将物质激活，使物质的原子体系的能级分布达到“粒子数反转”，这是实现受激辐射光放大的先决条件。那么，怎样才能达到“粒子数反转”呢?

我们假定所得到的激活物质的原子体系仅有 2 个能级 E_1 和 E_2，在没有外界作用的情况下处于正常的原子分布状态，即处于低能级的原子数目多于高能级的原子数目。为了达到“粒子数反转”，我们采取光激励的方法，用频率 $f_{21}=(E_2-E_1)/h$ 的光束“刺激”这种物质的原子体系，使低能级 E_1 上的原子被激发到高能级 E_2 上去。

这个过程就像用水泵将低处的水抽送到高处去一样，如图 9-10。能级 E_1 和 E_2 就相当于低、高两种不同的水位，采取的光激励方法就好比用水泵抽水。水是用泵从低处抽送到高处去的，也可以说是泵上去的；处于低能级 E_1 上的原子，是被频率

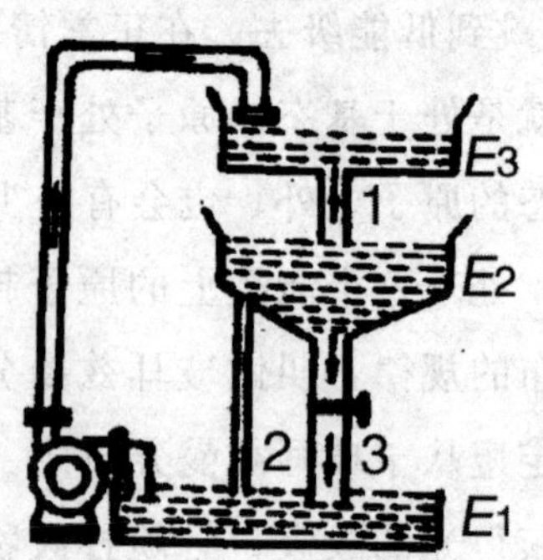

图 9-10

f_{21}的光"刺激"到能级 E_2 上去的。这个"刺激"叫做激励，和水泵从低处向高处泵水相比，这个激励又叫做"泵浦"，而所采用的频率 f_{21}的激励用的光就叫做"泵浦光"。

在上面的仅有 2 个能级的激活媒质的情况下，在泵浦光的作用下，低能级 E_1 上的原子吸收了光子能量 $E=hf_{21}$而被激发到高能级 E_2 上去，从而使高能级的原子数目增加。可是，在泵浦光的作用下，不只是发生这种受激吸收，而且也发生受激辐射，或者说受激发射，即高能级的原子跃迁到低能级而放出光子。实际上，受激吸收、受激发射和自发辐射是同时存在的。在对 2 个能级的激活媒质进行光激励的整个过程中，开始时低能级的原子数目比高能级的原子数目多，受激吸收过程占优势；随着高能级的原子数不断增多，受激辐射和受激吸收"势均力敌"，高能级上原子数目增加的速度就慢下来，泵浦光的作用在这时刻只限于补充高能级上因受激辐射而减少的原子数，使高能级的原子数目等于低能级的原子数目。这样，在同一时间内，有多少个低能级的原子吸收光子而被激发到高能级上去，也有同样数目的高能级的原子因受激辐射放出光子而跃迁到低能级来，因而呈现动态平衡。这种情况叫做"激励的饱和"。因此，采取光泵浦来使 2 个能级的激活媒质达到"粒子数反转"是很难的。于是，为了实现受激辐射光放大，通常采取多能级体系来实现"粒子数反转"。

我们来看看具有 3 个能级的原子体系。这 3 个能级的原子体系正好相当于图 9－10 的水池情况。水泵把下面水池 E_1 中的水抽送到上面水箱 E_3 中去。水箱 E_3 中的水通过下面的管道 1 迅速地流到下面水箱 E_2 中。下面水箱 E_2 有两根管道能到水池 E_1，一根很细的管道 2，一根很粗的管道 3，由于管道 2 很细，流量很小，而粗管道 3 中间被阀门阻塞住，因而下面水箱 E_2 就可以积聚大量的水，以至超过水池 E_1 的水量。这时，如果有外力将阀门打开，下面水箱 E_2 中的水就大量

地流入水池 E_1 中去。

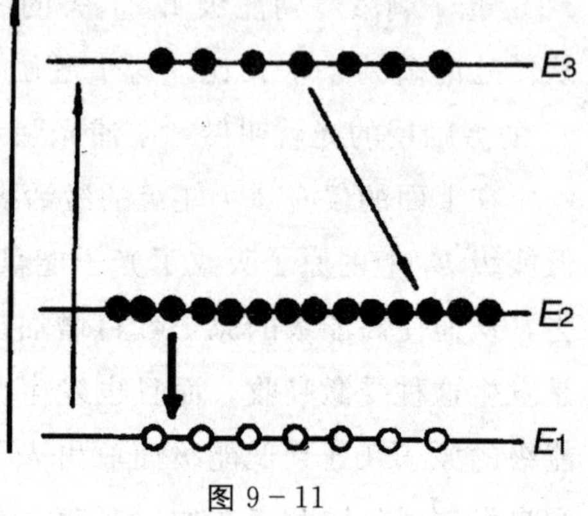

图 9－11

具有 3 个能级的原子体系和水池的情况相似。如果 3 个能级分别为 E_1、E_2、E_3，那么在这 3 个能级之间都可能产生激发或跃迁，如图 9－11 所示。我们用频率为 $f_{31}=(E_3-E_1)/h$ 的泵浦光照射，可以使大量的原子从能级 E_1 激发到能级 E_3 上去，自然也会有原子从能级 E_3 跃迁到能级 E_1。如果泵浦光足够强，能级 E_1 上的原子大量地被激发到能级 E_3 上去，能级 E_1 上的原子数不断减少，同时，原子能够在能级 E_3 上停留的时间极短，或者说，能级 E_3 的“寿命”短，因而不断有原子从能级 E_3 上自发跃迁到能级 E_2 上来。原子能够在能级 E_2 上停留的时间相对说较长，就是说能级 E_2 比较稳定，叫做亚稳态能级。于是，能级 E_2 上的原子数就可能大大超过能级 E_1 上的原子数。假定能级 E_2 离能级 E_1 较近，这时在能级 E_2 与能级 E_1 之间就形成了粒子数反转，成为激活媒质，可以用频率为 $f_{21}=(E_2-E_1)/h$ 的光子进行激发，产生能级 E_2 对能级 E_1 的受激辐射跃迁。这种受激辐射光通过“谐振腔”的振荡就可以放大而形成激光。

纪律严明的“摇篮”

激光的产生——光的受激发射和放大都是在它的“摇篮”里实现的，这“摇篮”的名字叫做激光器。

激光器是个什么物件？它是怎样产生受激辐射和光放大的呢？

激光器基本上是由3个部分组成的：第一部分是用于产生受激辐射的工作物质，也就是能够形成粒子数反转分布的物质，叫做激活物质或激光物质，它可以是固体、液体或气体；第二部分是能源激励装置，它给工作物质以“刺激”的作用，如前所述，这种作用称为“泵浦”，即通过一定的方式向工作物质输入能量，激励工作物质达到粒子数反转状态；第三部分是光学谐振腔，它是由两块光学反射镜按一定方式组合而成的，工作物质就放置在两块反射镜之间。谐振腔的作用，是使工作物质发出的受激辐射光能够在两块反射镜之间多次往返，从而在腔内形成持续振荡，不断激励工作物质而引起光放大。

图9－12为在光泵浦作用下谐振腔内形成激光的情况。上面讲到，一个具有3个能级的系统形成“粒子数反转”的必要条件是原子的能级必须具有亚稳态能级，要采用足够强的泵浦光。这是激光器的工作物质——激活物质（或激活媒质）所具备的基本特性。用频率为 $f_{31}=(E_3-E_1)/h$ 的泵浦光去照射激活物质，当光子和原子作用时，使处于正常分布状态的原子体系吸收了光子能量 $hf_{31}=E_3-E_1$，处于低能级 E_1 的原子便被激发到了高能级 E_3 上去。但是，处在能级 E_3 上的原子的自发辐射能力强，原子被激发到 E_3 能级后总是力图自发跃迁到低能级上去，因此在高能级 E_3 上停留的时间很短，或者说，在 E_3

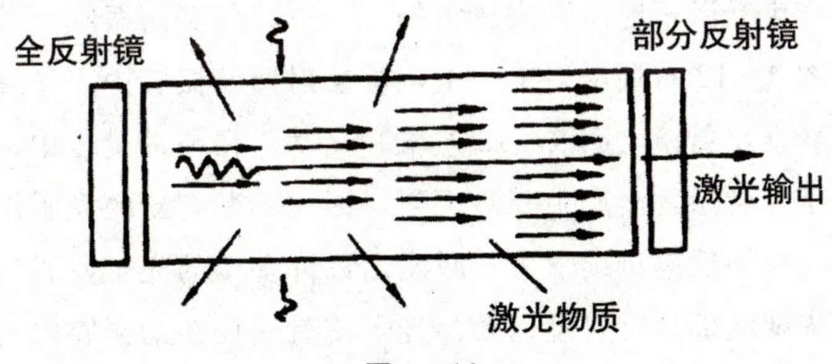

图9－12

能级上寿命很短，很快就跃迁到原子寿命较长的亚稳态能级 E_2 上。这样，在亚稳态能级 E_2 与低能级 E_1 之间形成了“粒子数反转”。然而，原子处于亚稳态能级 E_2 上，相对于低能级或基态能级来说也是不稳定的，可以自发跃迁到低能级 E_1 而辐射出光子，光子的频率为 $f_{21}=E_2-E_1$。这些光子沿着任意方向辐射，其中不沿谐振腔轴线方向运动的光子，很快通过谐振腔的侧面射出腔外，因而不再与腔内的原子发生作用。只有那些沿着轴线方向运动的光子 hf_{21}，可以在谐振腔内继续前进。这些光子如果在半路上碰到一些处于亚稳态能级 E_2 上的原子，就会使它们发生受激辐射，产生出一些完全相同的新光子。于是，光子队伍便由两个部分光子组成：一些是沿着轴线方向运动的自发辐射光子，另一些是它们从处于亚稳态能级上的原子中激发出来的新光子。这两部分光子合为一股，这支光子队伍步调一致地继续沿着轴线方向向前运动，又可能碰到其他的亚稳态原子，激发它们产生受激辐射，从而光子数目进一步增加。这样一来，受激辐射沿着轴线方向越来越强，不断产生受激辐射而形成一股放大的光子流。

在谐振腔的两端，有两个反射镜。这两个反射镜的反射面可以是平面，也可以是球面。其中，一个反射镜具有100%的反射率，也就是说，光碰到它会完全反射；另一个反射镜能够允许一部分光透射，而大部分光反射。这是根据不同需要来设计和制造的。

不断产生受激辐射而形成放大的光子流，射到谐振腔一端的部分反射镜（图 9－12 右端反射镜）上，被反射回谐振腔中，又继续沿轴线方向向着全反射镜（图 9－12 左端）运动。在前进过程中，继续使亚稳态原子受到激发而产生受激辐射，因而不断有新的光子加入光子流的队伍。连锁反应持续下去，激发出许许多多的光子，遇到全反射镜又折回来朝向部分反射镜运动。光子流就这样在谐振腔内的两个反射镜之间来回反射，并不断激发出新的光子来使光子队伍扩大和加

强。从这个过程可以看出，谐振腔的作用是使光通过工作物质所增加的光子数大于由于各种因素所造成的损失的光子数，使光在谐振腔内不断地来回反射并不断得到放大，即形成“光振荡”。这样被足够放大的激光，可以从部分反射镜镜面透出，于是便放射出一束笔直的强光束——激光。

这就是激光形成的原理。

从上面对激光形成原理的分析中，可以清楚地理解激光的许多特点是怎样形成的。首先，激光器发射出来的激光的频率主要取决于高低能级的能量差，即 $f_{21}=(E_2-E_1)/h$，而这一数值是由微观粒子本身性质决定的，因而激光的单色性好。其次，激光是受激辐射形成的，所有的光子都是由同样光子激发出来的，频率、传播方向、振动方向和振动相位都完全一致，因而激光的相干性好。再者，由于谐振腔的巧妙作用，只允许沿轴线方向的光得到放大并发射出来，因而激光束具有高度的方向性；而且，光束的发散角很小，发射出来的光能量集中，具有极高的亮度。

兄弟姊妹有特长

自从 1960 年第一台激光器诞生以来，世界上已有各种各样激光器千百种。按照激光器的工作物质不同来分类，可以分为固体激光器、气体激光器、半导体激光器和液体激光器等几大类。按照激光器中所采用的激励方式不同来分类，可以分为光激励式激光器、电激励式激光器、化学反应激励式激光器、热能激励式激光器及核能激励式激光器等几大类。按照激光器的工作方式不同来分类，可以分为单脉冲式激光器、重复脉冲式激光器、连续式激光器、突变式激光器、单模激光器、稳频激光器及锁模激光器等几大类。按照激光器输出激光的波长范围不同来分类，可以分为紫外激光器、近紫外激光器、可见光激光器、近红外激光器、中红外激光器、远红外激光器等几大类。

激光器的种类，可以从多种不同方面加以分类，但从本质上来看，按照激光器的工作物质来区分是基本的。激光器的工作物质有几百种材料组态，一旦工作物质选定，可能采取的激励方式、工作状态和输出激光波长范围也就随之确定下来。下面，我们就从激光器工作物质的方面来认识一下激光器的“兄弟姊妹”。

（1）固体激光器。这类激光器的工作物质是具有特殊发光能力的高质量的光学晶体或光学玻璃，里面掺入具有发射激光能力的金属离子。固体激光器通常采用光学激励或光泵激励，就是利用脉冲氙灯或连续氪弧灯这样的气体放电光源作为激励的泵浦光源，通过适当的聚光器系统，把泵浦光会聚到固体工作物质中，使工作物质达到粒子数反转并进而产生激光。在现阶段水平上，常用的固体激光器主要有红宝石激光器、掺钕钇铝石榴石激光器和钕玻璃激光器等。

红宝石激光器是世界上第一种激光器。几十年来，这种激光器一直广泛地应用着。这种激光器的工作物质红宝石是通过把 3 价铬离子掺入刚玉晶体（Al_2O_3）而人工制成的。红宝石呈棒状，直径为 1 厘米左右或更粗，长为几厘米到几十厘米。红宝石的长短粗细，可以根据设计要求来选用。红宝石棒的两个端面磨得很平很光滑，并且相互平行。有的采用单独制成的反射镜作为谐振腔的两个反射镜，有的直接在红宝石棒两个端面上镀反射膜作为反射镜，其中一个反射率为 100%，另一个稍低些。这种激光器采取光泵激发方式，可以是连续的，也可以是脉冲的。红宝石激光器发射的激光是波长为 0.6943 微米（6943 埃）的红色光。

掺钕钇铝石榴石激光器的工作物质是将 3 价钕离子掺入钕铝石榴

石晶体而人工制成的，是具有4个能级的激活媒质系统，因而所需要的激发能量比红宝石要低。这种激光器的发射波长为1.06微米的近红外激光。这种激光器的工作方式，主要用于连续的或较高重复频率脉冲式的运转，可以获得较高的连续功率或平均功率。

钕玻璃激光器的工作物质是把3价钕离子掺入优质光学玻璃而制成的，也是具有4个能级的激活媒质系统，因而所需要的激发能量也比红宝石低。这种激光器的发射波长也是1.06微米的近红外激光。这种激光器的工作方式，主要用于单脉冲式运转。由于工作物质的尺寸可以做得较大，因此可获得较高的脉冲能量和脉冲功率输出。这种器件的规模也可做得很大。

固体激光器的优点是输出功率高，广泛地应用于工业加工生产方面，如微型打孔、焊接和切割等。固体激光器可以做得小而坚固，所以很适合在军事上应用，如测距、雷达方面常用重复频率的巨脉冲激光器。固体激光器的缺点是它发出的激光的相干性和频率的稳定性都不如气体激光器。

(2) 气体激光器。气体激光器的“个性”较为随和，对于“吃穿用”不那么挑剔。气体激光器可采用的工作物质最多，可以采用原子气体、分子气体和离子气体，因此可相应地称为原子气体激光器、分子气体激光器和离子气体激光器。气体激光器的激励方式也多样化，一般主要利用气体放电进行激励。这种激光器所发射的激光波长分布也最广。目前水平较高的品种有氦氖激光器、二氧化碳激光器、氮激光器、水蒸气激光器、氰化氢激光器等。

原子气体激光器的典型代表为氦氖激光器，它的工作物质为氦和氖的混合气体。这种激光器发射波长为0.6328微米的红色激光。这种激光器通常以直流放电激励，连续工作，是目前单色性较好、运转寿命较长、输出连续可见光的常用激光器。

分子气体激光器的典型代表是二氧化碳激光器，它的工作物质为二氧化碳分子气体。这种激光器是目前输出功率最高的一种激光器，最高连续输出功率已达几万瓦；效率也高，最高达到33%。发射波长为10.6微米的中红外激光，这种输出波长正好处于“大气窗口”中。如前所述，光在大气中传输时，光的能量会被大气中某些物质所吸收。但是，也能找到一些很少被大气吸收的波长范围的光，或者说，这些波长的光能较好地透过大气，因而把这些波长的范围叫做“大气窗口”，例如4.5～5.5微米，7.5～14微米等。这种激光器可作连续工作或脉冲式工作，常用于工业加工和医疗手术等。

离子气体激光器的典型代表是氩离子激光器。这种激光器发射蓝——绿色的可见光。它通常以大电流直流放电激励，连续工作。氩离子激光器的主要特点是可以获得可见光谱区的高连续功率输出。

气体激光器有许多优点：输出的激光单色性比固体激光器好；输出的激光频率稳定；大多能连续工作；激光谱线波长范围较宽，从紫外到远红外已有数千条可供选用；结构较简单，成本也较低。因此，气体激光器在精密测量、准直、通信、摄影等方面应用很广泛。气体激光器也有缺点，就是它的瞬时输出功率不高。

（3）半导体激光器。半导体激光器的工作物质是半导体，它在一定的激励作用下可实现平衡载流子在一定能级或能带间的粒子数反转，进而产生受激发射。最典型的半导体激光器是以电注入方式进行激励的砷化镓二极管激光器，发射波长约为0.8微米左右的近红外激光，可以连续工作或高重复频率脉冲工作。这种激光器的主要特点是器件体积十分小，重量很轻，成本较低，工作效率高，运行寿命长，特别适宜于飞机上、军舰上、坦克上及士兵随身携带用，可以应用在红外激光通信、测距、制导以及自动控制等方面。例如，在飞机上作为测距仪来瞄准敌机，在宇宙飞船中作为光雷达观测月球表面。但是，半导

体激光器输出功率较小。

（4）液体激光器。液体激光器的工作物质有两种：一种是有机染料溶液，另一种是含有稀土金属离子的无机化合物溶液。这类激光器中的重要品种是有机染料激光器，如著名的若丹明6G染料激光器。通常都采用光泵式激励，以单脉冲或高重复频率脉冲式工作，输出的激光波长随所使用染料种类的不同而有差异，一般处于可见光波段。染料激光器的最大优点是它输出的激光波长可调谐，采用色散选择元件的方法，可在较大范围内连续改变输出激光的波长，因此，在各种光谱测量技术中有着特殊重要的应用价值。

激光器是一种极新颖的光源，激光具有以前任何光源所不具备的优异特点，给各个领域带来了十分广阔的应用前景。